地理信息科学一流专业系列教材

空间数据分析
经典软件与应用案例

毕硕本　编

科学出版社

北　京

内 容 简 介

本书介绍了空间数据分析课程涉及的 4 种空间数据分析软件：CrimeStat、GeoDa、WinBUGS 和 SaTScan，主要对以上空间数据分析经典软件进行说明，对其涉及的原理进行简要阐述，重点介绍这些经典软件的各个功能菜单，利用较多的小例子介绍各个功能菜单的用法，使读者能够很快上手学习使用。同时，结合实际案例介绍这些软件的具体应用。

本书既可作为地理科学专业硕士研究生的专业基础课实践教材，又可作为地理信息科学、地理空间信息工程、地理科学等专业本科阶段的实践学习用书，也可作为地理信息工程、智慧城市、数字城市、城市规划、环境保护、生态管理等相关应用领域的实践与应用指导书。

图书在版编目（CIP）数据

空间数据分析经典软件与应用案例/毕硕本编. —北京：科学出版社，2023.7

地理信息科学一流专业系列教材

ISBN 978-7-03-075892-7

Ⅰ．①空… Ⅱ．①毕… Ⅲ．①空间信息系统–数据处理–研究 Ⅳ．①P208

中国国家版本馆 CIP 数据核字（2023）第 109813 号

责任编辑：杨 红 郑欣虹/责任校对：杨 赛
责任印制：赵 博/封面设计：陈 敬

科学出版社 出版

北京东黄城根北街 16 号
邮政编码：100717
http://www.sciencep.com

三河市骏杰印刷有限公司印刷

科学出版社发行 各地新华书店经销

*

2023 年 7 月第 一 版 开本：787×1092 1/16
2023 年 7 月第一次印刷 印张：13 1/4
字数：331 000

定价：79.00 元
（如有印装质量问题，我社负责调换）

"地理信息科学一流专业系列教材" 编写委员会

主　编：张书亮

副主编：汤国安　　闾国年

编　委（以姓名汉语拼音为序）：

曹　敏	陈　旻	陈锁忠	戴　强	邓永翠
郭　飞	胡　斌	胡　迪	黄　蕊	黄家柱
江　南	蒋建军	乐松山	李　硕	李安波
李发源	李龙辉	李云梅	林冰仙	刘　健
刘军志	刘晓艳	刘学军	龙　毅	吕　恒
罗　文	南卓铜	宁　亮	任　娜	沈　飞
沈　婕	盛业华	宋志尧	孙毅中	孙在宏
汪　闽	王美珍	王永君	韦玉春	温永宁
吴长彬	吴明光	熊礼阳	严　蜜	杨　昕
叶　春	俞肇元	袁林旺	查　勇	张　宏
张　卡	张　翎	张　卓	张雪英	赵淑萍
仲　腾	周良辰	朱阿兴	朱长青	朱少楠

丛 书 序

当今，我们正处于一个科学与技术重大变革的时代，世界进入了智能化与绿色化、网络化与全球化相互交织的时期，并正在改变着人类社会和全球经济。历经 60 多年发展的地理信息系统（GIS），现已迈入"天空地海网"动态立体观测、地理大数据智能分析、全息地图服务与地理信息普适应用的新时代，包含地理信息科学、地理信息技术、地理信息工程的地理信息领域正在形成，由此对地理信息人才教育提出新的要求。在此背景下，我国高校 GIS 人才培养迎来新的机遇，也面临诸多挑战，培养适应时代发展的 GIS 人才是实现我国 GIS 跨越发展的重要保障之一。

作为我国 GIS 领域的知名品牌专业，南京师范大学地理信息科学专业一直重视教材建设。早在 21 世纪初，闾国年教授就主持出版了"21 世纪高等院校教材•地理信息系统教学丛书"，对我国 GIS 教育产生了重大影响。我国 GIS 的奠基人陈述彭先生为该丛书作序，并指出：该项浩大工程的完成填补了我国 GIS 系列教材建设方面的空白，对缓解我国 GIS 专业教材发展不平衡的现状将起到重要的作用。十几年来，GIS 技术及其应用与产业快速发展，从适应高校 GIS 专业人才培养的需求出发，面向国家一流专业建设目标，南京师范大学地理信息科学专业会同科学出版社，经过深入的分析和研讨，针对地理信息科学教学现状新编了相关教材，对原有丛书中采用院校多、质量高的教材进行修订，形成了此套"地理信息科学一流专业系列教材"。该系列教材注重融入学科发展最新成果、强化实验实践训练、加强传统教材与在线课程结合，实现了科学性与实用性相结合的编写目标，也突出了学科体系发展的新方向。

当下，适逢中国高等教育内涵式发展与高校一流本科专业建设的新阶段，我相信，"地理信息科学一流专业系列教材"丛书编委会一定会在传承的基础上开拓创新，为我国 GIS 高等教育发展和人才培养做出重要贡献。

中国科学院院士

2019 年 8 月于北京

前　言

空间数据分析的理论与方法较为复杂，世界各地的学者、研究机构及一些软件开发商已经研制了众多的空间数据分析软件包，这些软件包有的关注于某一类型空间数据的分析，对空间数据分析在特定领域（如犯罪分析、公共卫生）的应用起到了极大的推动作用，需要我们熟练地学习、掌握和运用；还有的则试图扩展尽可能全面的空间数据分析功能，对空间数据分析理论和方法的研究具有重要意义，同时对我们在各个应用领域中的实践同样具有重要的应用价值。

“空间数据分析”是地理学专业硕士研究生的必修课程，也是地理信息科学、地理空间信息工程等相关专业本科生重要的专业选修课程。但与该课程相关的实践教材极度缺乏，学生在学习空间数据分析理论和方法的过程中，少有可以参照的实践指导书，对于应用各种空间数据分析软件可以借鉴参考的应用案例也无处查询。基于以上现实情况，为了提高学生的软件实践能力和应用能力，作者编写了本书。

本书介绍了空间数据分析课程涉及的 4 种经典的空间数据分析软件：CrimeStat、GeoDa、WinBUGS 和 SaTScan，主要对以上空间数据分析系列软件进行说明，对其涉及的原理进行简要阐述，重点介绍这些系列软件的下载、安装和各个功能菜单，以及各个功能菜单部分的操作使用。在介绍各个功能菜单使用的过程中，利用较多的小例子介绍了各个功能菜单的使用，使读者能够很快上手学习使用。

除了对各个空间数据分析系列软件进行原理阐述和使用操作介绍之外，本书的另一部分主要内容是根据所学的软件，进行实际案例的应用实践。在每个软件介绍之后都给出了 1～2 篇实践该软件的应用小论文。这些小论文，是作者所教授“空间数据分析”课程的学生根据所学的各个空间数据分析软件，结合他们自己的应用与研究情况而编写完成的。这些小论文对于广大读者提高学习空间数据分析系列软件的感性认识、增强学习信心、扩大应用知识面、提高软件的实践技能都大有益处。如有需要，请发邮件至 bishuoben@163.com 索取。

本书在编写过程中本着通俗易懂、详细可行的原则，对各种空间数据分析软件操作的各个流程环节进行了翔实的阐述，并使用大量的图片进行说明，步骤清晰、层次分明，具有真实的可动手操作的特性。

本书出版得到南京师范大学地理信息科学一流专业教材建设项目支持和张书亮教授的鼎力帮助，在此表示衷心的感谢！本书在编写过程中，参阅了大量的相关文献，并引用了其中的一些资料，在此谨向这些文献的相关编著者表示衷心的感谢！

本书是作者在多年教学基础上编写而成，但由于水平有限，难免存在一些疏漏之处，恳请广大读者及同行专家不吝指正。

作　者

2022 年 11 月

目 录

第1章 空间数据分析经典软件简介

1.1 空间数据分析软件的必要性

由于空间信息分析理论较为复杂，对于一般科研人员而言掌握难度大、耗费精力多。为此，世界各地的学者和研究机构及一些软件开发商已经研制了众多的空间分析软件包，这些软件包有些关注于某一类型的空间数据的分析，对空间数据分析在特定领域（如犯罪分析、公共卫生研究）的应用起到了极大的推动作用；有些则试图发展尽可能全面的空间分析功能，对空间分析理论和方法的研究和实践具有重要意义。

1.2 空间数据分析软件包的分类

空间分析理论来源于地理学和地质学。因为地理学和地质学研究对象不同，所涉及的数据特点和分析方法不同，所以两大流派在软件功能、结构、风格上也有所不同。

源于地质学的空间分析软件包一般以地统计数据为主要研究对象，其空间分析方法以克里金（Kriging）法为代表，相关的软件也比较成熟，如 GIS Lab 等。

地理学者所关注的空间现象主要包括点数据和多边形数据，他们研发的空间信息分析软件包多以空间相关性和空间异质性为理论核心。

1.3 主要的空间数据分析软件简介

1.3.1 CrimeStat

CrimeStat 软件是在美国国家司法研究所等机构的资助下，由 Ned Levine 博士主持开发的一款用于特定领域的软件。

CrimeStat 软件包括五个部分：数据设置、空间描述、空间模型、犯罪旅行需求和选项设置。CrimeStat 软件输入项为事件发生的地点，在数据设置中可以指定主要文件、次要文件和参照文件等。

1. CrimeStat 空间分析的类别

（1）空间描述，用于描述点的空间分布特征，主要指标包括平均中心、最近距离中心、标准偏移椭圆、Moran's I、Moran 相关图、平均方向等。

（2）距离统计描述，用于识别点空间分布是否具有聚集性，如最邻近分析、线性最邻近分析、Ripley 的 K 函数和距离矩阵演算等。

（3）热点分析，用于寻找点集中分布区域，包括层次邻近分析、风险修正的层次邻近分析、犯罪统计时间分析（statistical temporal analysis of crime，STAC）、k 均值和局域 Moran's I 统计等统计分析形式。

（4）单变量核密度估计，通常生成密度表面或事件发生频率的等值线。

（5）双变量核密度估计，通常为事件发生频率与基准水平的比较。

（6）时空分析，分析点时空分布规律，包括计算 Knox 系数、Mantel 系数，时空移动平均数和关联旅程分析等。

（7）犯罪旅程分析，包括定标、估计和绘制犯罪轨迹图。

2. 犯罪旅行需求

犯罪旅行需求是 CrimeStat 软件独有的专业特色功能，是旅行需求理论在犯罪分析中的应用。

（1）旅行发生器，包含独立的旅行发生和旅行吸引力模型。

（2）旅行分布，用于计算观测的旅行分布、模拟旅行分布、比较观测的与预报的旅行距离的分布。

（3）模式划分，根据不同的起源-目的地组合，划分为五种不同旅行模式。

（4）网络分配，估计可能的旅行线路，包括网络段的总容量，这个网络可以使用除距离之外的旅行时间、旅行速度或旅行花费来模拟。

1.3.2　GeoDa

GeoDa 软件是设计实现栅格数据探索性空间数据分析（exploratory spatial data analysis, ESDA）的软件工具集合体。它向用户提供一个友好的可视化界面，用以描述空间数据分析，如自相关性统计和异常值指示等。它基于动态链接窗口技术，利用多张地图和统计图表来实现交互操作。

GeoDa 主要支持的数据格式是 ArcView 的 shape 文件。当将文件导入软件后，用户可以利用菜单里的 9 个菜单项进行各种分析。GeoDa 软件菜单栏的每项菜单都具有特定功能，其中最重要的菜单项在工具条内都有相应的图标与菜单栏。如 Space 菜单用来进行度量数据空间自相关性等探索性空间数据分析，包括 Moran 散点图及 Moran's I 推断、二元散点图及 Moran's I 推断、发生率的 Moran 散点图、局域 Moran's I 显著性地图。

1.3.3　WinBUGS 和 GeoBUGS

WinBUGS 是在 BUGS 基础上开发的面向对象交互式的 Windows 软件版本，BUGS 软件最初于 1989 年由位于英国剑桥的生物统计学研究所研制。

WinBUGS 可以方便地利用许多常用和复杂模型（如层次模型、交叉设计模型、空间和事件作为随机效应的一般线性混合模型、潜变量模型、脆弱模型、因变量的测量误差、协变量、截尾数据）构建新的模型。

1. WinBUGS 构建模型

WinBUGS 软件中，构建模型是进行分析的最关键步骤。WinBUGS 软件采用一种混合文档作为其文件格式。在一个混合文档中，可以包括文字、表格、公式、图表、图形等众多信息。模型同样是混合文档的一部分，通过 model 这一关键字来区分。

2. GeoBUGS 简介

GeoBUGS 是 WinBUGS 中一个特别的模块，可以产生和管理空间邻接矩阵，计算空间条件自回归模型，并为计算的结果提供图形输出功能。

1.3.4　SaTScan

SaTScan 软件是一款用空间、时间或时空扫描统计量分析空间、时间和时空数据的免费软件，由哈佛大学公共医学院 Martin Kulldorff 博士开发。

1. SaTScan 应用

SaTScan 软件主要应用于以下几个方面：

（1）实施疾病地理检测，探测疾病在空间、时空分布上的聚类，并检验它们是否具有统计显著性。

（2）检验某种疾病在时间、空间、时空上是否服从随机分布。

（3）计算某种疾病聚类警报的统计显著性。

（4）为疾病暴发早期探测进行定期检测等。

2. SaTScan 数据

在利用 SaTScan 软件进行空间分析时，通常需要根据病例数据的空间分布概率模型选择输入以下数据：病例数据、对照人群数据、人口数据、坐标数据、格网数据。这些文件都可以用记事本打开并编辑。除了需要输入数据以外，还需要设置研究时段、时间精度、坐标类型和协变量等参数。

3. SaTScan 数据分析

SaTScan 软件数据分析按照研究目的分为前瞻性分析和回顾性分析。

前瞻性分析：其结果具有一定预测性，只涉及事件和时空分析，如时空重排扫描统计量。

回顾性分析：是对已经发生的疾病数据进行研究，囊括了时间、空间和时空分析方法。

第 2 章 CrimeStat 空间聚类分析软件简介与应用

2.1 CrimeStat 软件简介

CrimeStat 软件是用于分析犯罪地点的空间统计程序。该空间统计软件可以分析犯罪的位置，为犯罪事件的地图显示提供更全面的统计分析工具。CrimeStat 第一个版本（1.0）于 1999 年 8 月发布，目前最新版本是 4.02（本章内容主要基于此版本）。

CrimeStat 的运行环境是 Windows。CrimeStat 的主要功能是对位于 GIS（geographic information system）中的对象执行空间分析。对象可以是点（如事件发生的位置）、线（如街道）、面（如街区、城市等）。程序使用球形或投影坐标，以 "dbf"、"shp"、ASCII 或 ODBC 兼容格式输入事件位置（如抢劫位置）。它计算各种空间统计数据，并将图形对象写入 ArcView、ArcGIS、MapInfo、Windows Surfer 和 Spatial Analyst 等 GIS 软件。

CrimeStat 是对犯罪事件发生地点数据进行空间统计分析的数据包，是一个独立的 Windows 专业版程序，可以为大多数桌面地理信息系统预留接口。CrimeStat 提供了多种用于犯罪事件或其他点位置的空间分析统计汇总和犯罪事故数据模拟的工具。开发这个程序的目的在于提供补充统计工具，帮助执法机构和司法研究人员进行犯罪分析工作。绝大多数犯罪分析是目视检查事件地图，通过数据显示 "热点" 等图案，并根据经验得出事件随着时间推移变化的有关结论。

CrimeStat 正在被世界上许多执法部门、刑事司法部门和其他研究人员使用。应用案例可以是分析对象的分布、识别热点、指示空间自相关、监测事件在空间和时间上的相互作用，以及模拟旅行行为等。CrimeStat 最初的目的是对犯罪事件进行空间统计分析，但目前该软件在流行病学等众多领域也获得了广泛应用。

2.2 相 关 算 法

2.2.1 k 中心点聚类算法

基本思想：

随机存取机（random access machine, RAM）算法是最早提出的中心点聚类算法。该算法随机选择 k 个代表对象，即分析所有可能的对象对，每对中的一个对象被看作代表对象，而另一个不是。对可能的各种组合，估算聚类结果的质量。

特点：

（1）当存在噪声和孤立点时，RAM 算法比 k 均值算法更稳定。这是因为中心点不像平均值那么容易受极端数据影响。

（2）RAM 算法能很好地应用于小数据集，在应用于大数据集时有一定局限性。

（3）时间复杂度为 $O(k(n-k)^2)$。其中，n 为数据对象数目，k 为聚类数。

2.2.2　最近邻分析

基本思想:

(1) 首先测量每个要素的质心与其最近邻要素的质心距离。

(2) 然后计算所有这些最近邻距离的平均值。如果该平均距离小于假设随机分布中的平均距离,则会将所分析的要素分布视为聚类要素。如果该平均距离大于假设随机分布中的平均距离,则会将所分析的要素分布视为分散要素。

2.2.3　K 最近邻算法

K 最近邻(K-nearest neighbor,KNN)算法是一种理论上比较成熟,既可以用于分类,还可以用于回归的方法。它具有以下特点:

(1) 在待判断点周围,寻找离它最近的多个点。

(2) 对这些点的类别进行统计。

(3) 该待判断点属于选择统计点数最多的那个类别。

2.2.4　CURE 算法

CURE(clustering using representatives)算法是一种针对大型数据库的高效聚类算法。基于划分的、传统的聚类算法得到的是球状的、相等大小的聚类,对异常数据比较脆弱。CURE 算法采用了多个点代表一个簇的方法,可以较好地处理以上问题。并且在处理大数据量的时候采用了随机取样和分区的方法,因此可以高效地处理大量数据。绝大多数聚类算法擅长处理球形和相似大小的聚类,但在存在孤立点时效果很不好,CURE 算法就解决了偏好球形的问题,在处理孤立点上也更加有优势。

基本思想:

选择基于质心和基于代表对象方法之间的中间策略。它不用单个质心或对象来代表一个簇,而是选择了数据空间中固定数目的具有代表性的点。首先选择簇中分散的对象,然后根据一个特定的收缩因子向簇中心"收缩",每个簇有多于一个的代表点使得 CURE 算法可以适应非球形的任意形状的聚类。簇的收缩或凝聚有助于控制孤立点的影响。

CURE 算法核心:

(1) 从源数据对象中抽取一个随机样本 S。

(2) 将样本 S 分割为 p 个划分,每个样本的大小为 S/p。

(3) 将每个划分局部地聚类成 S/pq 个簇。

(4) 删除孤立点,通过随机选样,如果一个簇增长太慢,就删除它。

(5) 对局部聚类进行聚类。

(6) 用相应的簇标签来标记数据。

特点:

(1) CURE 算法对孤立点的处理效果更好。

(2) 能够识别非球形和大小变化较大的簇。

(3) 对于大规模数据库,它也具有良好的伸缩性,而且没有牺牲聚类质量。

2.2.5 CLARA 算法

基本思想:

（1）CLARA（clustering large applications）算法不考虑整个数据集，而是选择数据的一小部分作为样本。

（2）它从数据集中抽取多个样本集，对每个样本集使用 RAM 算法，并以最好的聚类结果作为输出结果。

特点:

可以处理的数据集比 RAM 算法大，但有效性依赖于样本集的大小。

基于样本的好的聚类并不一定是整个数据集的好的聚类，样本可能发生倾斜。例如 O_i 是最佳的 k 个中心点之一，但它不包含在样本中，CLARA 算法就找不到最佳聚类。

2.2.6 CLARANS 算法

基本思想:

CLARANS（clustering algorithm based on randomized search）算法将采样技术和 RAM 算法结合起来，CLARA 算法在搜索的每个阶段有一个固定的样本，CLARANS 算法在任何时候都不局限于固定样本，而是在搜索的每一步带一定随机性地抽取一个样本。聚类过程可以被描述为对一个图的搜索，图中的每个节点是一个潜在的节点。

特点:

（1）实验显示 CLARANS 算法比 RAM 算法和 CLARA 算法更有效。

（2）CLARANS 算法能够探测孤立点。

（3）聚焦技术和空间存取结构可以进一步改进它的性能。

2.2.7 STING 扫描数据库

基本思想:

STING（statistical information grid）扫描数据库是一种基于网格的多分辨率聚类技术，它将空间区域划分为多个级别的矩形单元，对应不同级别的分辨率。这些单元形成了一个层次结构——每个高层单元被划分为多个低层的单元。预先计算和存储关于每个网格单元属性的统计信息（如平均值、最大值和最小值），用于回答查询。

使用自顶向下的方法回答空间数据查询，在层次结构中选定一层作为查询处理的开始点，通常该层包含少量的单元。对当前层次的每个单元计算置信度区间（或者估算其概率），用以反映该单元与给定查询的关联程度 。

删除不相关的单元，结束当前层的考查后，处理下一层。重复这一过程，直到最底层。

优点:

（1）基于网格的计算是独立于查询的。存储在每个单元中的统计信息不依赖于查询的汇总信息。

（2）网格结构有利于并行处理和增量更新。

（3）效率很高。STING 扫描数据库一次性计算单元的统计信息，因此产生聚类的时间复杂度为 $O(n)$，其中，n 为对象的数目。

（4）层次结构建立后，查询处理时间为 $O(K)$，K 为最底层网格单元的数目，通常远远小于 n。

缺点：

所有的聚类边界只有水平的或竖直的，没有斜的分界线；尽管该技术有较快的处理速度，但可能降低簇的质量和精确性。

2.3 文件输入输出格式

（1）CrimeStat 可以读写"dbf"、"shp"、"dat"、ASCII 格式的文件和 ODBC 数据源（如 excel），并可选定 ArcView、MapInfo 和 AtlasGIS 的空间分析中的图形对象，还可以与 Maptitude、垂直映射器和其他 GIS 包一起工作。

（2）输出内容可以打印为文本，或复制到文字处理程序，或以图形形式输出。

CrimeStat 可以实现计算和图层的输出，包括以下内容：① 数据的平均/中心最小距离；② 数据的标准差或者地域范围的表示；③ 空间与点之间关系的统计；④ 事件聚集或离散程度的统计；⑤ 点与点的距离测量；⑥ 基于邻近区域确定热点；⑦ 用"核平滑"方法估计地理区域的密度；⑧ 统计和分析时空关系；⑨ 统计和分析犯罪分子的一系列移动；⑩ 估计犯罪分子在某一区域里的可能居住点。

2.4 CrimeStat 软件操作界面

CrimeStat 软件的主界面如图 2.1 所示。

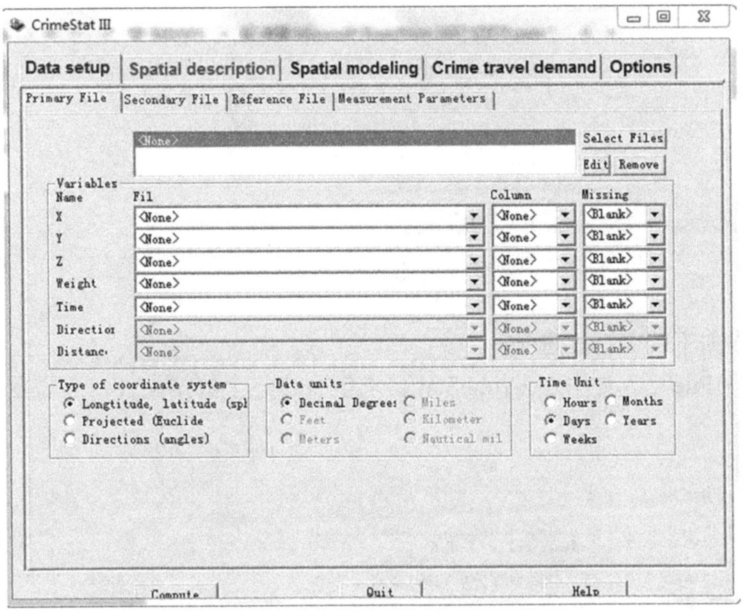

图 2.1 CrimeStat Ⅲ的主界面

Variables: 定义文件中的变量。文件中包含点的坐标（X、Y），与点坐标相关联的数值称为 Weight（权重）。

Column: 将文件的列名与 CrimeStat 中的变量相互对应起来。CrimeStat 中 X、Y 坐标就是输入文件中的经纬度。

Missing: 文件中的数据并不是完美的, 由于各种原因会出现缺失值, CrimeStat 提供几种处理缺失值的方案。

Type of coordinate system: 选择坐标系统的类型。CrimeStat 有三种坐标系统: 球面坐标 (spherical system)、投影坐标 (Projected) 和方向坐标 (Directions)。

Data units: 定义点坐标的单位。如果是球面坐标和方向坐标, 只能使用 Decimal Degrees。投影坐标系统则可以使用 Miles、Meters、Kilometer、Feet 和 Nautical Miles。

Time Unit: 定义时间变量的单位。时间分为 Hours、Days、Weeks、Months 和 Years。

2.4.1　Data Setup　数据设置选项卡

数据设置部分涉及定义一个主文件(必需)和第二文件(可选)的数据集和变量, 确定一个参考网格(所需的几个例程), 并定义测量参数。

该功能选项卡如图 2.2 所示。

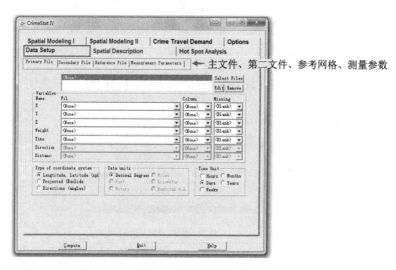

图 2.2　数据设置选项卡

该界面包含如下四个功能选项。

(1) Primary File (主文件)。CrimeStat 要求至少有一个数据文件, 还需要选择数据类型。如图 2.3 所示。

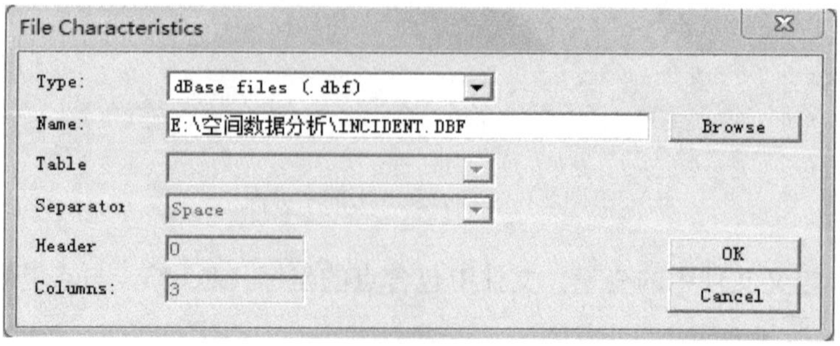

图 2.3　主文件加载

　　数据变量的确定要求：① 加载文件需要有 X、Y 坐标，或者与 X、Y 坐标相关的点数据，用强度或权重表示。这里文件的类型可以是 dBase 的"dbf"，ArcGIS point 的"shp"和 ASCII 等。例如，如果点是警察局的位置，那么强度变量可以是在每个警察局的呼叫服务的数量，而加权变量可以是服务区。② 如果要用时间变量，必须表示为整数或者数字，不能用日期格式，在做时空统计分析之前要转换成数字。

　　可以选择一个以上的数据文件，如图 2.4 所示。

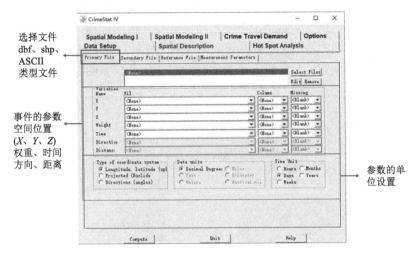

图 2.4　主文件选项卡

　　（2）Secondary File（辅助文件，可选）。Secondary File 是记录事件的 X、Y 坐标，是 Primary File 的辅助文件。只有在主文件输入后，才可以输入辅助文件，如图 2.5 所示。

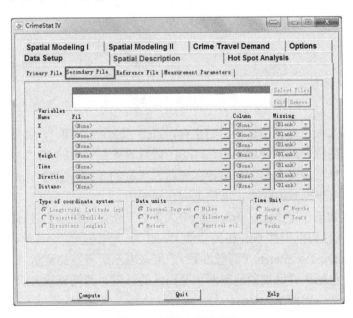

图 2.5　辅助文件选项卡

　　辅助文件菜单项的设置说明如下：① 辅助文件通常是用来与主文件进行比较的。② 辅助文件与主文件必须是相同的坐标系统和单位。③ 如果不添加辅助文件，系统会默认添加主文件。④ 辅助文件中时间变量不可选。⑤ 辅助文件中的方向系统（角度坐标）不可用。

　　假如 Primary File 数据是偷车贼的位置，则 Secondary File 数据就可以是人口普查块组数据中有人口块组强度（或权重）变量的数据，后面的设置同 Primary File 一样。Secondary File 的坐标系统必须和 Primary File 一样。

　　（3）Reference File（参考文件）。参考文件其实是一个矩形格网文件。在特定环境下，可能不需要使用参考文件，但大多数情况下，参考文件是必需的。该文件是一个覆盖研究区域的格网文件，通常是规则的格网，也可以导入不规则的格网。CrimeStat 提供了两种方式创建参考文件，一种是手动创建，另一种是添加现有的参考文件，如图 2.6 所示。

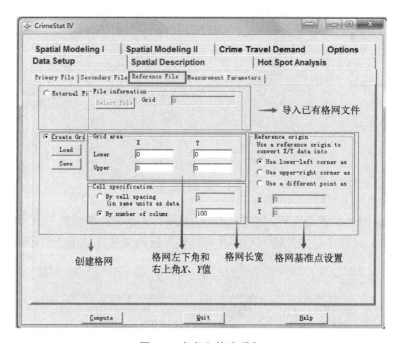

图 2.6　参考文件选项卡

　　如果一个外部文件已经存储过格网的坐标，点击"External File"，然后点击"Select File"选中该文件，导入格网。通常使用 Create Grid，通过设置左下角的 X、Y 坐标和右上角的 X、Y 坐标产生格网。也可以点击"Load"导入先前设置好的坐标。当然，设置好坐标之后，也可以点击"Save"将坐标数据保存，以便下次直接使用。

　　参考文件具有如下作用：① CrimeStat 中大量的工作需要使用它进行插值或输入一个研究半径。② 参考文件可以用在 GIS 相关软件上，作为一个图层，给其他数据提供参考。

　　（4）Measurement Parameters（测量参数）。用来表示所覆盖的测量单元，以及所使用的距离测量的类型，包括研究区域的地理面积及街区的长度，即需要输入研究区的地理信息和确定计算距离的方法，如图 2.7 所示。

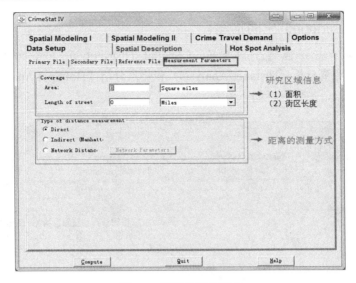

图 2.7　测量参数选项卡

在图 2.7 中，Direct 为点与点之间的最短距离。Indirect 也叫曼哈顿距离。Network Distance 为网络距离，如一个区域的公路网、铁路网等交通运输网络，它不像虚拟的直线，也不像抽象的网格，只能根据现实中可利用的交通路线来测量。网络距离的大小不仅跟路线的长短有关，还跟行程时间、速度和费用相关联，因此它不仅能测量距离，还能大概地衡量行程时间等。

距离测量有三种方式：绝对距离、相对（曼哈顿）距离和网络距离。网络距离计算的高级设置如图 2.8 所示。

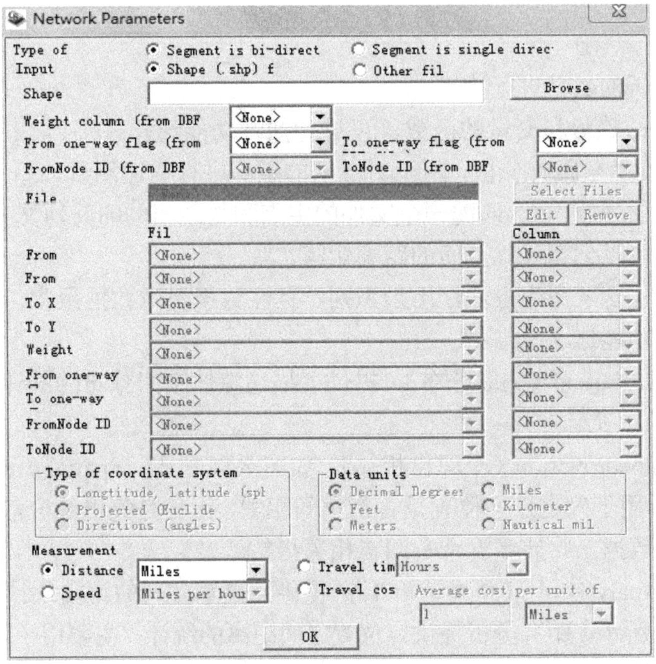

图 2.8　网络距离计算的高级设置

2.4.2　Spatial Description　空间描述

空间描述部分主要包含空间分布（Spatial Distribution）、空间自相关（Spatial Autocorrelation）、距离分析（Distance Analysis）和热点分析（Hot Spot Analysis）等。该功能选项卡如图 2.9 所示，主要包括如下内容。

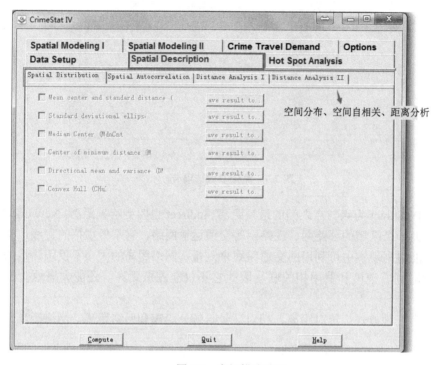

图 2.9　空间描述选项

（1）对统计分析的数据进行描述。

（2）有显示中心趋势和变量的函数。可进行如下功能选择：① 有平均中心和标准差椭球，以及 Ripley's K 函数距离分析，用于对点间的距离进行描述测量。② 最近邻分析用于确定事件聚集或分散的程度。③ 匹配一个文件的主点和与之相关的其他文件中的最近邻点。

（3）距离分析可以创建计算点间的距离矩阵。

（4）热点分析包含一系列方法，用来识别、标注数据及对数据聚类。

其中包含如下功能选项：

（1）Spatial Distribution（空间分布），提供了描述整体空间分布的统计。有时被称为一阶空间统计。如图 2.10 所示。

（2）Spatial Autocorrelation（空间自相关），如图 2.11 所示。Spatial Autocorrelation Indices（空间自相关指数）用于确定点的位置是否是空间相关，无论是集群或分散。这些指标通常适用于带属性的分区数据，共计算五个空间自相关指数。

（3）Distance Analysis Ⅰ（距离分析 1）：提供点位置之间的距离统计，用于识别点的聚类程度。如图 2.12 所示。距离分析提供点位置之间距离的统计，主要用于识别点的聚类程度，有时被称为二阶分析。

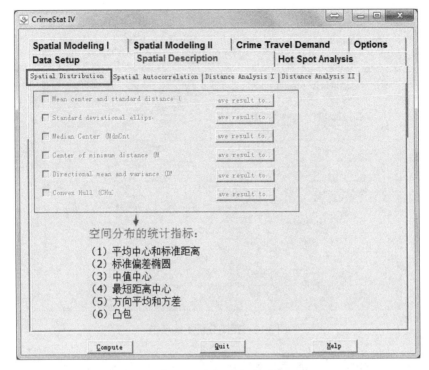

图 2.10　空间分布选项卡

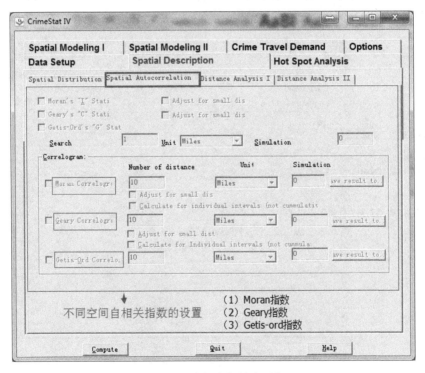

图 2.11　空间自相关选项卡

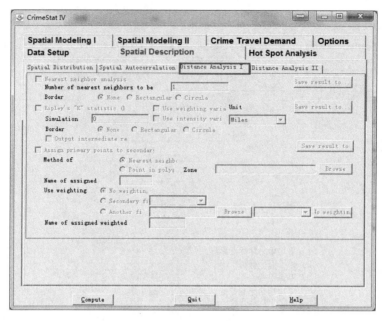

图 2.12 距离分析 1 选项卡

（4）Distance Analysis Ⅱ（距离分析 2）：含四个计算距离的程序矩阵。如图 2.13 所示。在第二个距离分析页面上，有四个计算距离的程序矩阵：文件点对点（矩阵）、从主文件点到辅助文件点（IMatrix）、从主文件点到网格（矩阵）、从二级文件点到网格（矩阵）。

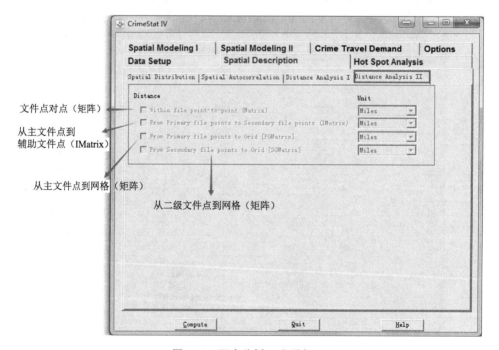

图 2.13 距离分析 2 选项卡

2.4.3　Hot Spot Analysis（热点分析）

该功能选项卡如图 2.14 所示。

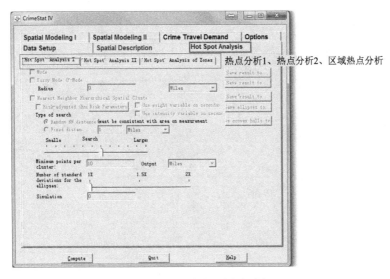

图 2.14　热点分析选项卡

其中包含如下功能选项：

（1）Hot Spot Analysis Ⅰ（热点分析 1），如图 2.15 所示。热点（或集群）分析识别集群在一起的事件组。它是一种二阶分析方法，用于识别点的聚类成员。在热点分析 1 页面，有四个可用于识别热点的统计数据：① 模式；② 模糊模式；③ 最近邻分层空间聚类；④ 风险调整最近邻分层空间聚类。

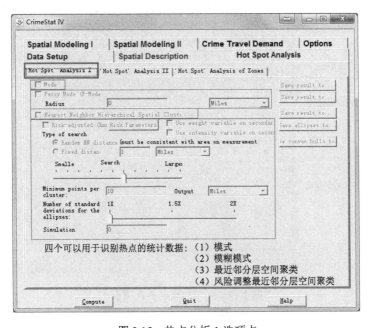

图 2.15　热点分析 1 选项卡

（2）Hot Spot Analysis Ⅱ（热点分析 2）：有两个统计信息可用于识别热点，如图 2.16 所示。在热点分析 2 页面，有两个统计信息可用于识别热点：①STAC（犯罪的空间和时间分析）；②K 均值聚类。

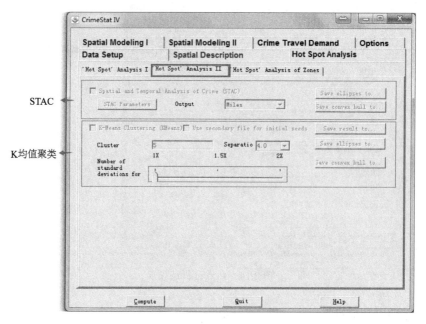

图 2.16　热点分析 2 选项卡

（3）Hot Spot Analysis of Zones（区域热点分析），如图 2.17 所示。

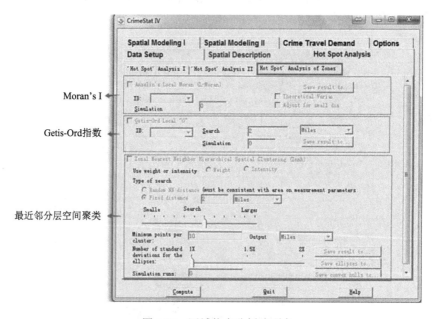

图 2.17　区域热点分析选项卡

2.4.4　Spatial Modeling Ⅰ（空间建模1）

该功能选项卡如图 2.18 所示，主要包括以下功能。

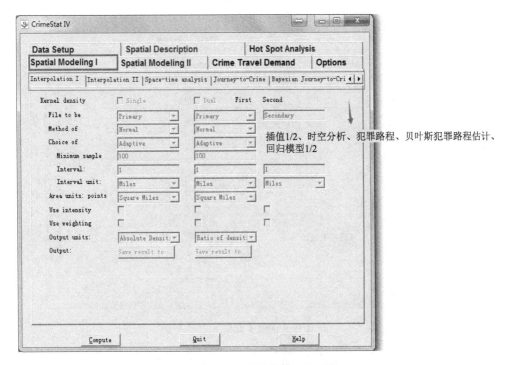

图 2.18　空间建模 1 选项卡

（1）对数据做插值和预测。

（2）插值标签有创建核心估计结果的密度图显示选项。

（3）时空分析包含对一系列犯罪进程的分析，以及平均移动和相关的轨迹分析。

（4）旅程犯罪估计是根据特定区域犯罪发生的地点，确定罪犯可能的居住地点。

具体功能选项如下所述。

（1）Interpolation Ⅰ（插值 1），如图 2.19 所示。核密度（Kernel density）估计在概率论中用于估计未知的密度函数，包括单核（Single）密度估计和双核（Dual）密度估计。

如果某一个数在观察中出现了，可以认为这个数的概率密度比较大，和这个数比较近的数的概率密度也会比较大，而那些离这个数远的数的概率密度会比较小。基于这种想法，针对观察中的每一个数，都可以用 $f(x-x_i)$ 去拟合想象中的那个远小、近大概率密度。当然也可以用其他对称的函数。针对每一个观察中出现的数拟合出多个概率密度分布函数之后，可取平均。如果某些数比较重要，某些数反之，则可以取加权平均。

（2）Interpolation Ⅱ（插值 2），如图 2.20 所示。

Rate（比率）：如果要平滑的变量是速率变量，则平滑的变量必须是在主文件的 Z（强度）字段中定义。此外，应该选择一个权重变量并在主文件的权重字段中定义。

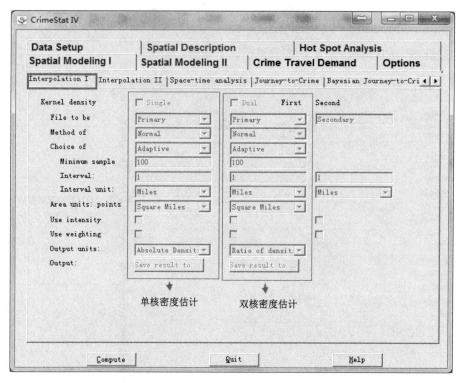

图 2.19　插值 1 选项卡

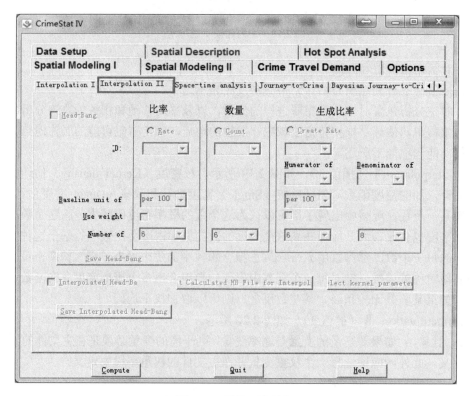

图 2.20　插值 2 选项卡

Count（数量）：如果要平滑的变量是数量变量，则平滑的变量必须是在主文件的 Z（强度）字段中定义。

Create Rate（生成比率）：与比率和数量计算不同，生成比率需要用户指定哪两个变量（字段）必须相关，创建一个比率，并确定该比率的分子和分母。如果数据（如抢劫数）作为一个字段，人口作为另一个字段，则抢劫的数量将确定为比率的分子，而人口将被确定为比率的分母。

（3）Space-time analysis（时空分析），如图 2.21 所示。

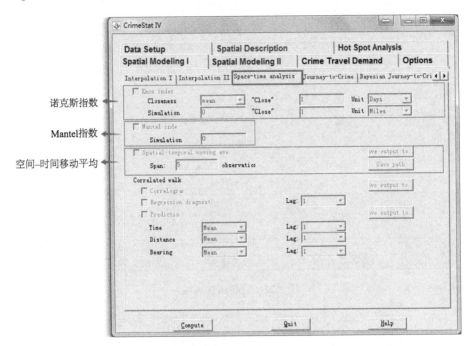

图 2.21　时空分析选项卡

该选项卡包括：诺克斯指数（Knox index）、Mantel 指数（Mantel index）和空间-时间移动平均（Spatial-temporal moving-average）。

空间-时间移动平均：该程序有四个输出：① 样本大小；② 构成跨度的观察的数量；③ 跨度数；④ 每个 Span 窗口的 X 和 Y 坐标。

表格结果作为 dBase 的"dbf"文件格式输出。显示顺序输出 cal 也可以作为 ArcGIS 的"shp"，MapInfo 的"mif"，或 ASCII 的"bna"格式输出。对 MapInfo 的"mif"格式，用户必须定义最多九个参数，包括投影名称和投影参数。如果 MapInfo 系统文件"MAPINFOW.PRJ"放在了与 CrimeStat 相同的目录，然后列出与其适当的常见投影参数可供选择，则该对象将以"STMA"前缀输出。

（4）Journey-to-Crime（犯罪路程），如图 2.22 所示。Journey-to-Crime（Jtc）是一个基于距离方法估计惯犯最大可能的居住点的功能菜单。这是区位论的应用。

（5）Bayesian Journey-to-Crime Estimation（贝叶斯犯罪路程估计），如图 2.23 所示。在贝叶斯犯罪路程估计模块中有两个例程：① 比较不同犯罪方法的诊断；② 使用选定的方法估计犯罪者的可能来源。

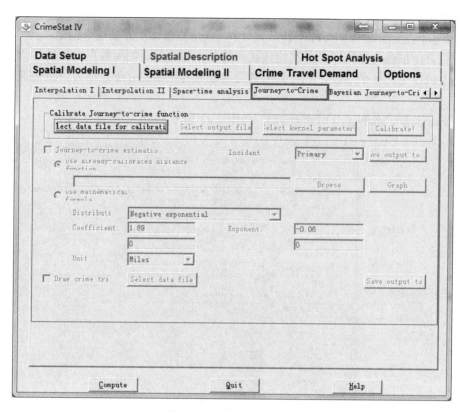

图 2.22　犯罪路程选项卡

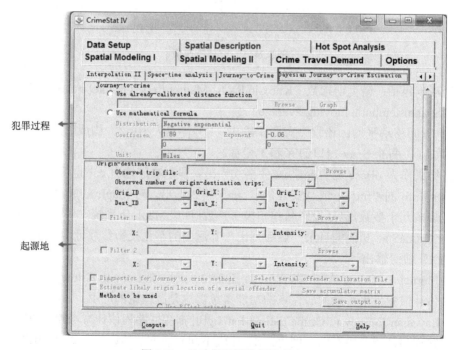

图 2.23　贝叶斯犯罪路程选项卡

2.4.5　Spatial Modeling Ⅱ（空间建模 2）

该功能选项卡包含如下功能选项。

（1）Regression Ⅰ（回归模型 1），如图 2.24 所示。回归模型的目的是估计因变量和一个或多个独立变量之间的函数关系。在当前版本中，提供了 18 种可能的回归模型。此外，12 个 MCMC 模型中的每一个都可以使用偏移变量用于定义人群"处于风险"，总共可允许运行 30 种可能的回归模型。

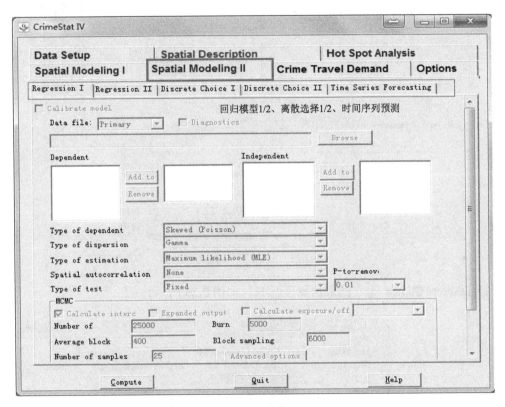

图 2.24　空间建模 2 选项卡

（2）Regression Ⅱ（回归模型 2），如图 2.25 所示。回归模型 2 模块允许用户将模型应用于另一个数据集并进行预测。"进行预测"例程允许将系数应用于数据集。有两种类型的模型拟合：线性和泊松。对于这两种类型的模型，系数文件必须包括截距和每个系数的信息。

用户读取保存的系数文件，并基于系数文件的顺序将变量与新数据集中的变量匹配。如果模型估计了来自条件自相关（conditional autoregressive, CAR）模型或空间自回归（spatial autoregressive, SAR）模型的一般空间效应，则一般 Phi 将与系数文件一起保存。如果模型已经从 CAR 模型或 SAR 模型估计特定空间效应，则特定 Phi 值将被保存在单独的 Phi 系数文件中。在后一种情况下，用户必须读取 Phi 系数文件及一般系数文件。

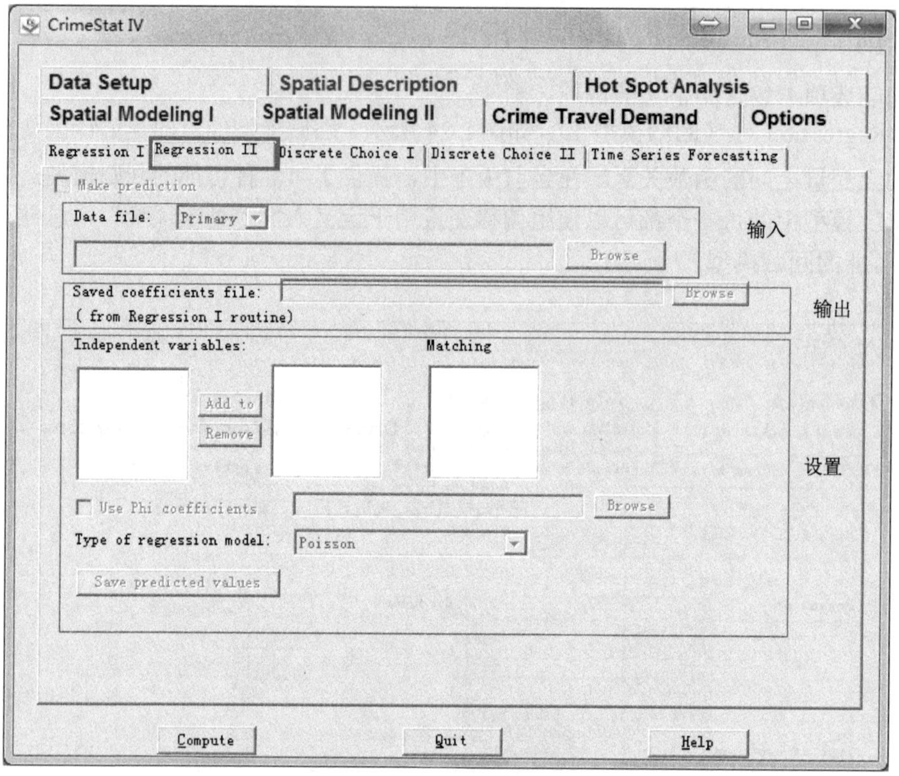

图 2.25　回归模型 2 选项卡

（3）Discrete Choice Ⅰ（离散选择模型 1），如图 2.26 所示。

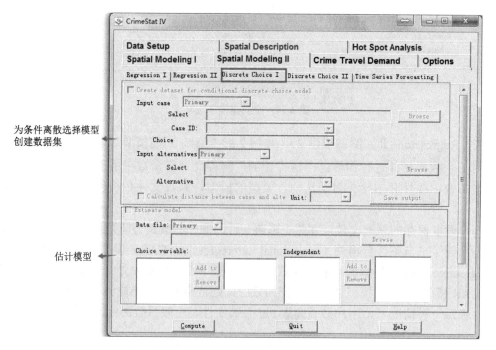

图 2.26　离散选择模型 1 选项卡

（4）Discrete Choice Ⅱ（离散选择模型 2），如图 2.27 所示。

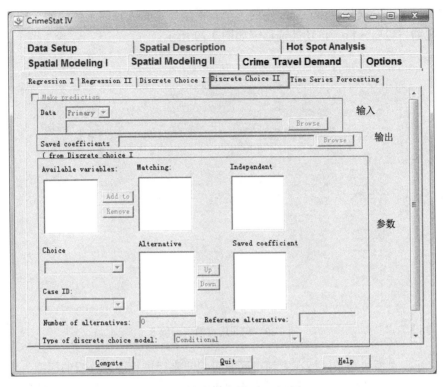

图 2.27　离散选择模型 2 选项卡

（5）Time Series Forecasting（时间序列预测），如图 2.28 所示。

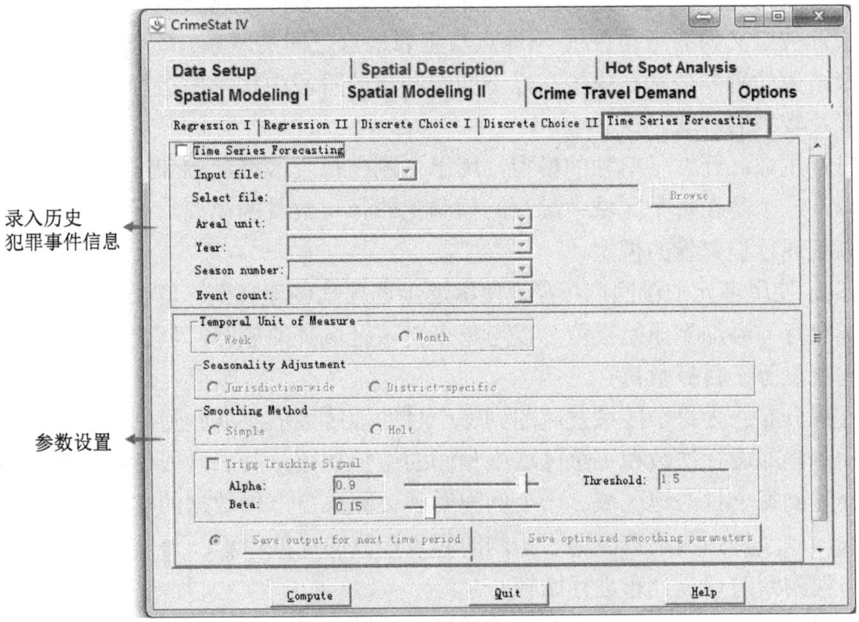

图 2.28　时间序列预测选项卡

2.4.6 Crime Travel Demand（犯罪旅行需求建模）

犯罪旅行需求建模是 CrimeStat 中的一个新模块。它是旅行需求建模的一种应用，广泛用于交通规划与犯罪分析。该功能选项卡如图 2.29 所示。

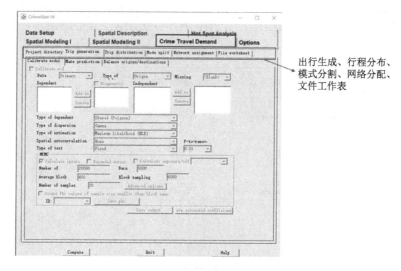

图 2.29 犯罪旅行需求选项卡

犯罪旅行需求模块是按区域在大都市区域对犯罪旅行进行连续分析的模型。犯罪事件按照犯罪发生地点（目的地）和犯罪者开始的地点（起点）分配到区域。犯罪旅行被定义为起源于一个位置并在另一个位置结束的犯罪事件；两个位置可以相同。对于每个区，列出源自该区的罪行数目和在该区内结束（发生）的罪行数目。因此，模型用于计数（或体积），而不是速率。必须获得其他区域数据以用作原始和目的地计数的预测变量。

犯罪旅行被定义为罪犯居住/原籍地点与犯罪地点之间的联系。每个区域的犯罪数量计入在每个区域结束的犯罪数量。模型在以下四个独立的阶段中按顺序运行，每个阶段都有多个例程，都涉及较小的步骤。

（1）出行生成：开发了单独的模型，用于预测在每个区域起始和结束的犯罪数量。因此有两类模型：一个是在每个区域中起源的预测犯罪行程数量的模型，另一个是在每个区域中结束的预测犯罪行程数量的模型。

CrimeStat 使用多元泊松回归模型，使用逐步选项来创建预测。可以将来自研究区域外的旅行（外部旅行）添加到原始模型，以考虑来自该区域外的旅行。创建模型后，平衡过程可以确保原始数量等于目标数量。

（2）行程分布：为每个区域发起的到每个目的地区域的犯罪数量制定模型。使用源自每个区域的预测犯罪旅行次数和每个区域中预测的旅行次数，第二阶段使用重力模型将旅行从每个区域分配到每个目的地区域。一个例程用于计算来自个体数据的实际（观察）分布，估计预测系数，以及将预测系数应用于预测的起点和目的地的例程；另一个例程允许将预测的行程分布与观察到的行程分布进行比较。

（3）模式分割：开发了一种模型，其通过行驶模式（如步行、自行车、驾驶、公共汽车和火车）将从每个起始区域到每个目的地区域的预测行程的数量分割。使用可访问性函数将每个区域-区域对的预测行程数分成可能的行程模式,该函数近似于一种模式相对于其他模式的效用。

（4）网络分配：为每个犯罪行程链路采用的路线开发模型（无论是所有模式还是单独模式）。通过旅行模式从每个区域到每个目的地区域的预测行程被分配到基于 A*最短路径算法的可能路线。输出包括每个起始-目的地区域对可能的路由,以及网络链路上的总行程量。此步骤需要一个旅行网络,每个旅行模式一个。还有其他实用程序可用于从站/停靠位置计算公交网络,以及测试单行道。

1. 犯罪旅行需求数据准备

为了运行犯罪旅行需求模块,必须获取和准备特定的数据,包括：① 对于建模的区域构建框架。② 输入有关犯罪来源和犯罪目的地的数据（通常来自逮捕记录）,并分配给各区。③ 获得区域的附加数据,包括人口（或家庭）、子人口（如年龄组、种族/民族）、收入水平、贫困水平、就业、土地利用、特定类型的土地利用、药店、市场、停车场、警务变量（如人员部署、视频）、干预变量（如药物治疗中心）和其他变量。④ 获得虚拟变量和特殊供电装置的数据。

2. Project directory（项目目录）

犯罪旅行需求模块是一个涉及许多不同文件的复杂模型。因此,建议将模型中的单独步骤存储在主项目目录下的单独目录中。虽然用户可以将任何文件保存到模块中的任何目录,但将输入和输出文件保存在单独的目录中,可以更容易地识别文件,以及检查已经使用过的文件。项目目录选项卡如图 2.30 所示。

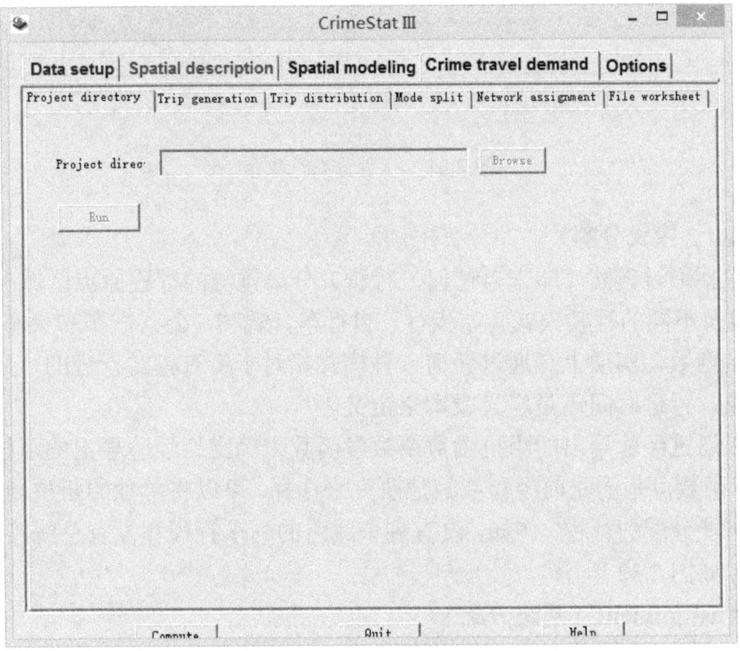

图 2.30　项目目录选项卡

3. Trip distribution（行程分布）

行程分布涉及估计从每个起始区（包括"外部"区）到每个目的地区的行程数量。该估计功能是基于重力型模型的。要确定的变量是预测起点的数量、预测目的地的数量、原点区域之间的行驶阻抗（或成本）、起点和目的地的系数，以及起点和目的地的指数。行程分布选项卡如图 2.31 所示。

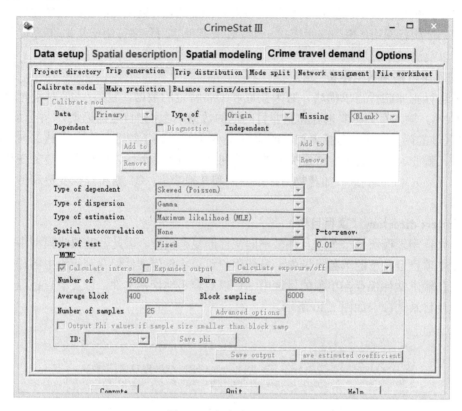

图 2.31　行程分布选项卡

4. Mode split（模式分割）

模式分割包括通过链路（即来自任何一行程）分离预测的行程原点区域 A 到任何一个目的地区域 B，以及不同的行驶模式（如步行、自行车、驾驶、公共汽车和火车）。分离的基础是聚合相对阻抗函数，实质上是通过任何一种模式相对于所有模式行进的"成本"，而无论成本是根据距离、行进时间还是广义成本来定义。

该模型可以通过经验导出的阻抗函数或数学函数来确定。经验导出的阻抗函数来自校准数据集，而数学函数可基于先前经验或其他研究来选择。可以将单独的阻抗函数约束到网络，以防止几乎不可能分配的行程，例如，没有列车线路的列车行程和没有总线路线的总线行程。模式分割选项卡如图 2.32 所示。

5. Network assignment（网络分配）

网络分配涉及将预测的行程（所有行程或通过单独的行驶模式）分配给网络上的特定路线。也就是说，对于每个始发地至目的地行程链路，沿着网络（道路、过境）找到特定路线。该例程使用最短路径算法，用户必须向网络提供其参数。该程序允许定义单向街道，以便产生更逼真的演示。在当前版本中，分配例程一次，对一个预测的行程文件起作用。网络分配选项卡如图 2.33 所示。

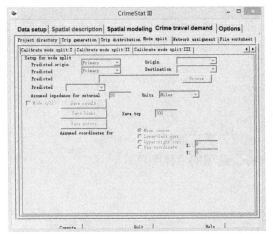 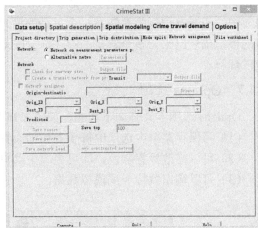

图 2.32　模式分割选项卡　　　　　　　　图 2.33　网络分配选项卡

6. File worksheet（文件工作表）

文件工作表允许保存犯罪旅行需求模块中文件的名称。因为有大量的文件被使用（许多在多个例程中使用），保存名称将更便于跟踪文件。在犯罪旅行需求模块中不需要文件工作表，但是建议使用它记住特定旅行需求模型中的文件名。有五个工作表用于跟踪不同的例程。文件工作表选项卡如图 2.34 所示。

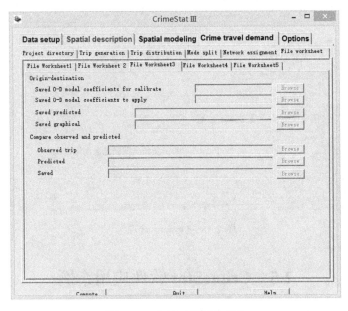

图 2.34　文件工作表选项卡

Crime travel demand 是行程需求理论中用于犯罪分析的模块。其存在如下不足之处：
（1）当前一些犯罪行程行为模型太简化，例如，Journey to Crime 模型假设犯罪分子在住所附近实施犯罪行为，这样的假设不适用于如今的犯罪行程。

（2）大多数家庭都拥有汽车，犯罪分子也拥有汽车，这使得犯罪的行程更流畅，更难以模拟。犯罪分子既可以在他们熟悉的地方犯罪，又可以去陌生的地方犯罪。

（3）犯罪行程行为意味着一个复杂的模式。罪犯和受害者的行程相互影响，很难通过已有的模型描述出来。多个罪犯的存在、分赃地点、销赃地点使得犯罪行程模式更加复杂，更难以理解。

2.4.7　Options 选项

Options 选项卡具有如下功能，如图 2.35 所示。

（1）可保存菜单内选项中每个参数的设置，也可以重新加载。

（2）可以修改标签颜色，即可更改主菜单内每个选项的字体颜色。

（3）可以输出蒙特卡罗模拟数据。

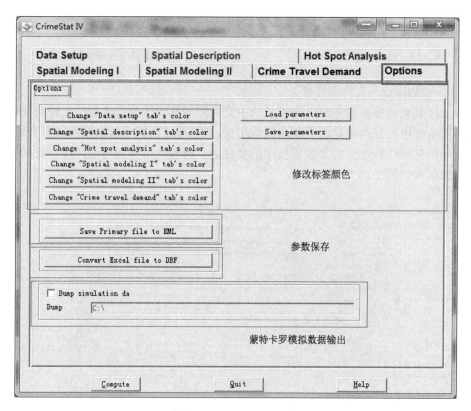

图 2.35　Options 选项卡

2.5　CrimeStat 软件应用案例

2.5.1　案例一：A 地区住宅盗窃问题（距离分析）

数据：afternoonhousebreaks.dbf、schools.dbf。

背景：警方认为 A 地区下午的住宅盗窃问题日益严重，对这个问题的研究表明罪犯是放学后回家的学生,因此警方希望知道哪些学校最接近盗窃频发的区域。

执行步骤如下:

(1)选择"Data Setup"菜单,选择"Primary File"子菜单并找到 afternoonhousebreaks.dbf 文件,将 X 坐标设置为"X",将 Y 坐标设置为"Y"。数据以英尺(1 英尺≈0.3048 m,后同)为单位进行投影,如图 2.36 所示。

(2)点击"Secondary File"子菜单,选择 schools.dbf 文件。将 X 坐标设置为"CENTROIDX",将 Y 坐标设置为"CENTROIDY",如图 2.37 所示。

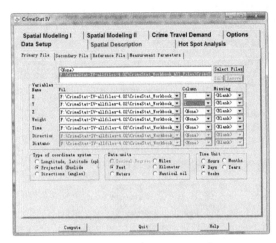

图 2.36　案例一步骤 1 界面

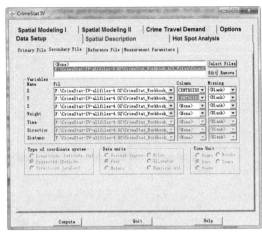

图 2.37　案例一步骤 2 界面

(3)点击"Spatial Description"菜单和"Distance Analysis Ⅰ"子菜单。勾选"Assign primary points to secondary",如图 2.38 所示。

(4)点击"Save result to"按钮,保存 schoolcounts.dbf。将其他选项保留为默认值。点击"Compute",如图 2.39 所示。

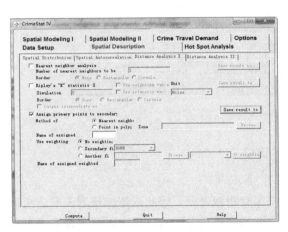

图 2.38　案例一步骤 3 界面

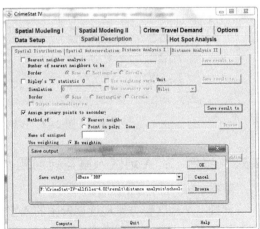

图 2.39　案例一步骤 4 界面

（5）打开 schoolcounts.dbf 文件，按降序排列"FREQ"列，可以看到 McPhee 小学周边（McPhee Elementary School）是下午发生盗窃案件数量最多的地点。如图 2.40～图 2.42 所示。

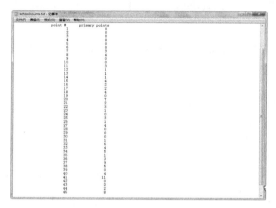

图 2.40　案例一步骤 5 界面（1）

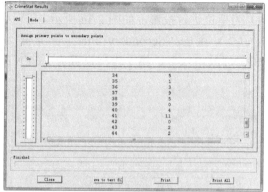

图 2.41　案例一步骤 5 界面（2）

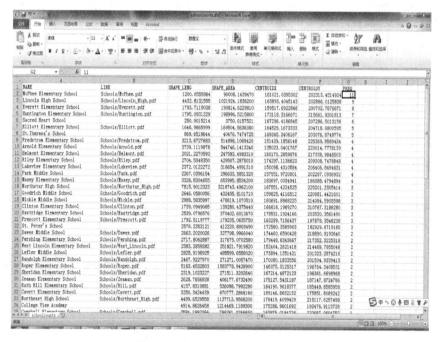

图 2.42　案例一步骤 5 界面（3）

2.5.2　案例二：A 地区入室盗窃问题（空间分布）

数据：burglaryseries.shp。

背景：A 地区警方发现近期发生的入室盗窃案有相似之处，因此希望能预测入室盗窃最可能的位置、大部分盗窃案集中的地区，以及最近的盗窃案发生的边界，以便布置巡逻车和部署警力。

（1）选择"Data Setup"菜单，选择"Primary File"子菜单并找到 burglaryseries.shp 文件，

将 X 坐标设置为"X",将 Y 坐标设置为"Y",数据以英尺为单位进行投影,如图 2.43 所示。

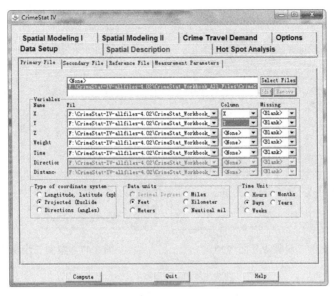

图 2.43 案例二步骤 1 界面

(2)创建参考网格。点击"Reference File"菜单,对应图 2.44 设置参考数据,并保存以供下次使用。

(3)选择"Measurement Parameters"菜单,输入街道网络的面积和长度。选择间接(曼哈顿)距离测量类型,如图 2.45 所示。

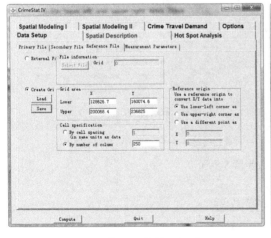
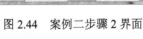

图 2.44 案例二步骤 2 界面

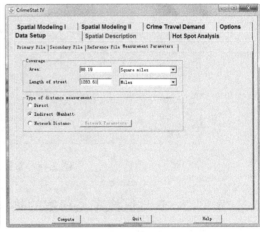

图 2.45 案例二步骤 3 界面

(4)选择"Spatial Description"菜单下的"Spatial Distribution"子菜单。除了"Direction mean and variance"外,选中"Mean and standard deviation"下的所有复选框。对于每个选中的框,点击右侧的"Save result to",选择"ArcView 'SHP'",命名为"burglaryseries"。最后点击"Compute"。如图 2.46 和图 2.47 所示。

（5）在 ArcGIS 中打开生成的 shp 文件，如图 2.48 所示。

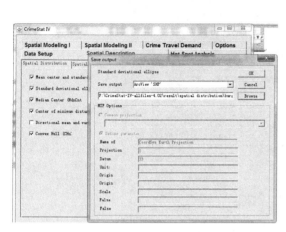

图 2.46　案例二步骤 4 界面（1）

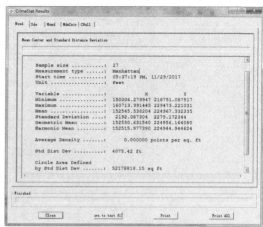

图 2.47　案例二步骤 4 界面（2）

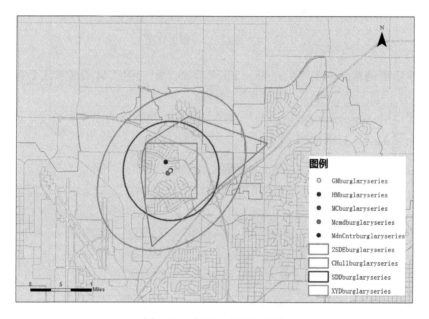

图 2.48　案例二步骤 5 界面

2.5.3　案例三：B 地区汽车盗窃案的热点范围

数据：theftsfromautos.shp。

方法：最近邻分层空间聚类利用了警察记录管理和 GIS 中涉及的固有不准确特性，使用模式来识别在 B 地区划定汽车盗窃案的热点范围。

（1）开始一个新的 CrimeStat 会话。在"Data setup"菜单和"Primary File"子菜单上，点击"Select Files"，然后添加 theftsfromautos.shp 数据。将 X 坐标指定为"X"，将 Y 坐标指定为"Y"。坐标系为"Projected（Euclidean）"，数据单位为"Feet"。然后点击"Measurement Parameters"子选项卡。输入该区域面积数值 88.19 平方英里（1 平方英里≈

2.59 平方千米，后同）和街道网络长度 1283.61 英里（1 英里≈1.61 千米，后同）。选择间接距离度量，如图 2.49 所示。

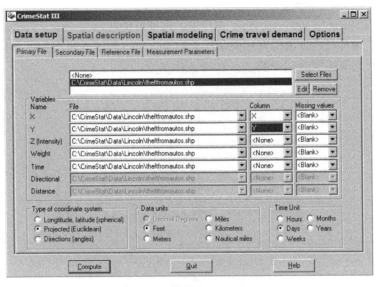

图 2.49　案例三步骤 1 界面

（2）点击"Spatial description"选项卡和"Hot Spot Analysis Ⅰ"子选项卡，勾选"Nearest Neighbor Hierarchical Spatial Clustering(Nnh)"框，将其保留在随机 NNI 距离处，但将每个簇的最小点数调整为 8，将椭圆的大小调整为 1.5 个标准偏差。

（3）点击"Save result to..."按钮，选择"ArcView 'SHP'"格式，将文件命名为 LFA（CrimeStat 将自动使用其他描述符对其进行标记）。

（4）点击"Save convex hulls to..."按钮，选择"ArcView 'SHP'"格式，也将文件命名为 LFA。如图 2.50 所示。

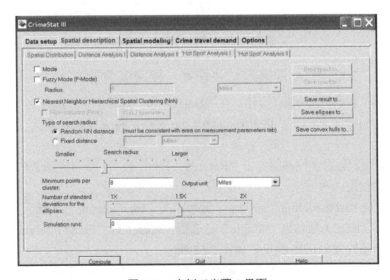

图 2.50　案例三步骤 4 界面

（5）点击"Compute"。CrimeStat 应创建 36 个椭圆，34 个一阶簇和两个二阶簇。它将一阶椭圆保存为 NNH1LFA.shp，二阶椭圆保存为 NNH2LFA.shp，一阶凸包为 CNNH1LFA.shp，二阶凸包为 CNNH2LFA.shp。

（6）将生成的 shp 添加到 ArcView 项目中。读者可能注意到一些一阶椭圆似乎包围单个点，这表明多个事件被地理编码到相同坐标的位置。这样的位置将不具有凸包，因为热点是单点，并且凸包必须连接区域中的点。如图 2.51 所示。

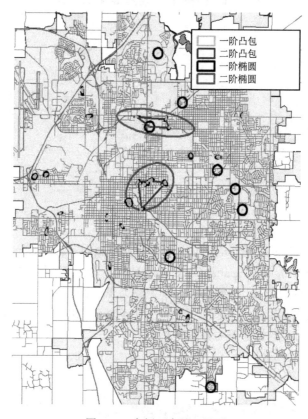

图 2.51　案例三步骤 6 界面

2.5.4　案例四：2007 年 A 地区汽车盗窃案（核密度估计）

（1）开始一个新的 CrimeStat 会话。在"Data setup"对话框中，选择"Select Files"，选择"ArcView 'SHP'"，并添加 theftfromautos.shp 文件。将 X 坐标设置为"X"，将 Y 坐标设置为"Y"。

（2）现在必须创建参考网格。点击"Reference File"选项卡，对应图 2.52 设置参考数据，并保存以供下次使用。

（3）点击"Spatial modeling"选项卡，然后点击"Interpolation"子选项卡。 在"Kernel density estimate"（KDE）项勾选"Single"复选框。选择带有"Fixed Interval"带宽的均匀内插，并将带宽间隔设置为 0.25 英里，如图 2.53 所示。

（4）点击"Save result to..."按钮。将结果文件命名为 KLFA，保存为"ArcView 'SHP'"格式。然后点击"Compute"，运行计算和输出文件需要几分钟时间（时间取决于内存大小和处理器速度）。完成后，将得到一个包含 67250 个方形单元格的多边形图层：250 列×269 行。该图层有三个属性数据，其中最重要的是一个标题为"Z"的列，其中包含了密度估计值。

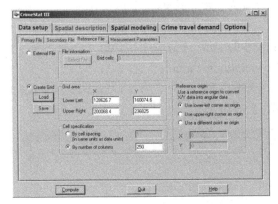 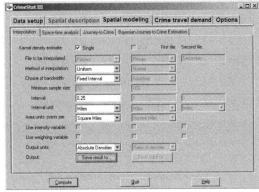

图 2.52　案例四步骤 2 界面　　　　　　　图 2.53　案例四步骤 3 界面

（5）在 ArcView 中打开 KLFA.shp。可对结果进行着色和显示，需要基于"Z"字段创建一个全景图，如图 2.54 所示。

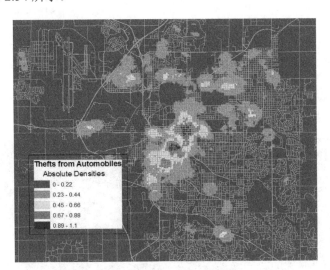

图 2.54　案例四步骤 5 界面

2.5.5　案例五：A 地区失踪人数和人口密度的相对风险（双重核密度估计）

双重核密度估计仅仅是基于两个文件的核密度估计，一个主文件和一个次文件，然后将两个核密度估计的结果相加、相减或表示为彼此的比率。

如果想要同时分析两个罪行，可以分配一个作为主文件，一个作为辅助文件，然后令 CrimeStat 添加两个文件的密度。然而，在生成原始主文件的数据库查询中包括这两个罪行会更容易些。

（1）点击"Select Files"，添加 resburglaries.shp 文件。将 X 坐标和 Y 坐标设置为"X"和"Y"。

（2）点击"Secondary File"选项卡。点击"Select Files"，选择 dbf 文件并浏览以查找 censusblocks.dbf 文件。这是已创建的一个文件，它包含每个 A 地区人口普查块中心点的 X 坐标和 Y 坐标，加上总人口和住户数。将 X 变量设置为"X"字段，Y 变量设置为"Y"字段，将权重变量选为家庭字段，如图 2.55 所示。

（3）点击"Spatial modeling"选项卡和"Interpolation"子选项卡，勾选"Dual"框。设置选项情况，如图 2.56 所示。要确保选中"Use weighting variable"选项。

（4）点击"Save result to..."按钮，并将其作为 shp 文件，文件名为 resburglaries。CrimeStat 会自动添加一个 KDE，点击"Compute"。如图 2.56 所示。

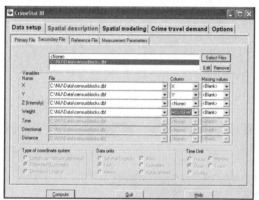

图 2.55　案例五步骤 2 界面

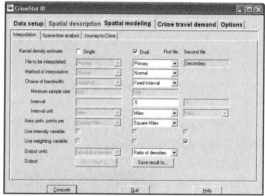

图 2.56　案例五步骤 3 和步骤 4 界面

（5）在 ArcView 项目中打开 DKresburglaries 图层，并根据密度比创建一个全景图。结果如图 2.57 和图 2.58 所示。

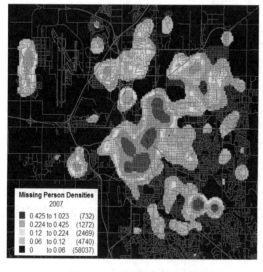

图 2.57　A 地区失踪人数数据

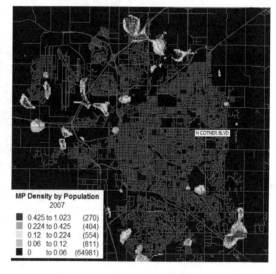

图 2.58　基于人口密度的相对风险

2.5.6　案例六：抢劫犯罪的警力调整（空间时间移动平均值）

（1）开始一个新的 CrimeStat 会话。在"Data setup"对话框中，选择"Select Files"并加

载 CSRobSeries.shp 文件。将 X 坐标设置为 "X"，将 Y 坐标设置为 "Y"。

（2）将 "Time" 行的值设置为 "MSDATE"，确保 "Time Unit" 设置为 "Days"，如图 2.59 所示。

（3）点击 "Spatial modeling" 选项卡，然后点击 "Space-time analysis" 子选项卡。检查 "Spatial-temporal moving average" 框，并保留 5 个观测值。

（4）点击 "Save output to..." 按钮，并将其以 "dbf" 格式保存，名称为 CSRobSeriesMA。

（5）点击 "Save graph" 按钮，选择 "ArcView 'SHP'" 格式，并将其保存，名称为 CSRobSeriesMA，如图 2.60 所示。

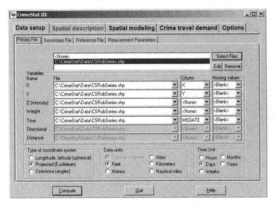

图 2.59　案例六步骤 2 界面

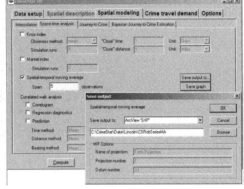

图 2.60　案例六步骤 5 界面

（6）点击 "Compute"。CrimeStat 将运行计算并将文件保存到指定的位置。这时可切换到 ArcView 项目并加载文件，但必须基于 CrimeStat 保存的 X 坐标和 Y 坐标创建点，以显示来自 CSRobSeriesMA.dbf 文件的平均中心。为此，右键单击 ArcView 中的文件图层，选择 "显示 XY 数据"，将在顶部看到一个 "显示 XY 数据" 框。需要将 "X" 字段从 "SPAN" 更改为 "平均 X"，将 "Y" 字段从 "SPAN" 更改为 "平均 Y"。

通过以上步骤，得到抢劫路径的平均移动路线：犯罪者正在城市周围移动，因为他犯了抢劫罪，正在不断地平移中心向北，然后向西。警方如果得到这个信息会将战术行动集中在城市西北部分，以减少（或方便调整）警力。如图 2.61 所示。

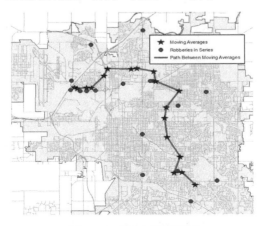

图 2.61　案例六结果界面

2.5.7　案例七：Journey to Crime 犯罪历程分析

Journey to Crime（Jtc）程序估算研究区内一系列袭击事件发生的可能性，需要主文件和参考文件。主文件中确定系列犯罪的位置，参考文件中定义研究区内所有位置。

Jtc 路线可以用两种不同的旅行距离函数：①标准化距离函数；②数学公式。尽管默认是直接距离，但是直接距离和间接距离（Manhattan）都可以使用。

犯罪 "缓冲区"及"距离衰减"示意如图 2.62 所示。

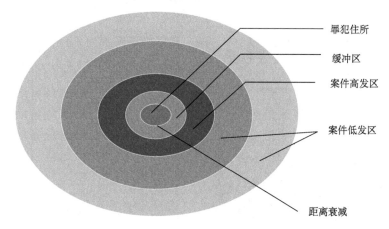

图 2.62　犯罪 "缓冲区"及"距离衰减"示意

1. 操作校准犯罪路线的函数

操作 Calibrate Journey-to-crime function（校准犯罪路线的函数）选项， 如图 2.63 所示。

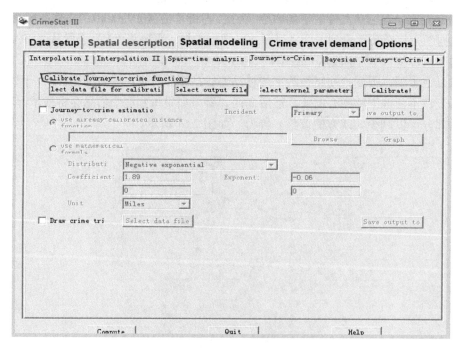

图 2.63　校准犯罪路线的函数界面

此程序可以校准一个 Jtc 距离函数以供 Jtc 估计函数使用。一个输入文件要包含带有一系列罪犯居住位置的 X、Y 坐标（起始）和罪犯犯罪地点的 X、Y 坐标（目的地）。如图 2.64 和图 2.65 所示。

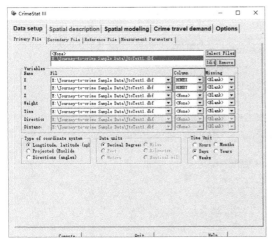

图 2.64　输入罪犯居住位置

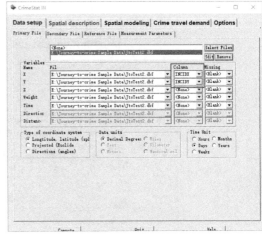

图 2.65　输入罪犯犯罪地点

这个路线用一维核密度方法估计行进距离函数。对于每个记录，都可以计算起始位置和目的位置的距离，它代表了一个距离范围。计算出最大距离并分成很多区间，默认分成 100 个同等大小的区间，用户也可以修改。对于每个计算的距离，一维核被覆盖。对于每个区间，所有核的值求和得到犯罪距离的平滑函数。运行结果保存到一个文件中。

2. 选择校准数据

选择校准数据（Select data file for calibration）操作界面如图 2.66 所示。

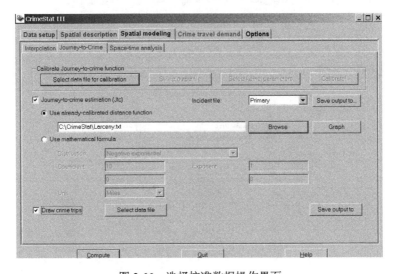

图 2.66　选择校准数据操作界面

设置原始坐标文件和目标坐标文件，如图 2.67 所示。

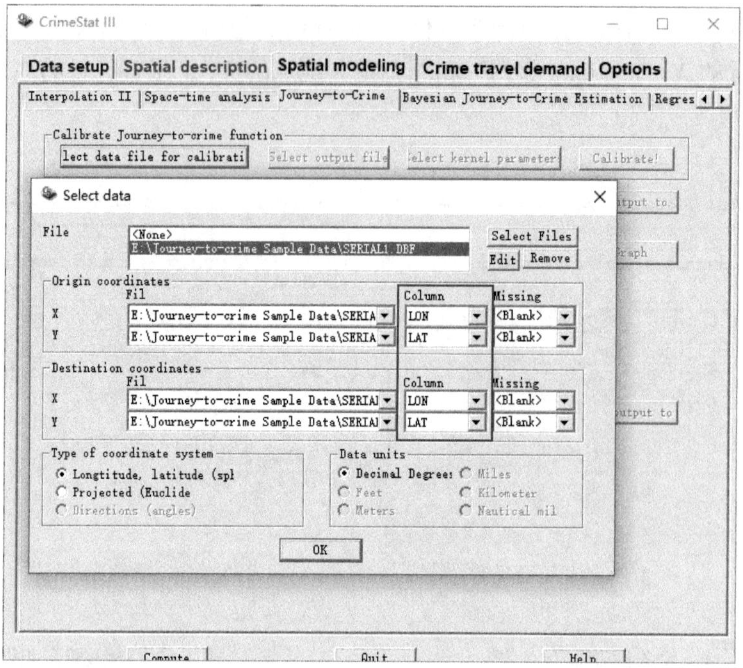

图 2.67　设置坐标文件

设置坐标系类型和数据单位，如图 2.68 所示。坐标系在经纬度中应用球面坐标系，单位是度。如果坐标系统是投影，数据单位可以是英尺（如状态平面）或米（如通用横轴墨卡托投影）。这个程序不支持方向坐标系，即"Directions（angles）"项不可选。

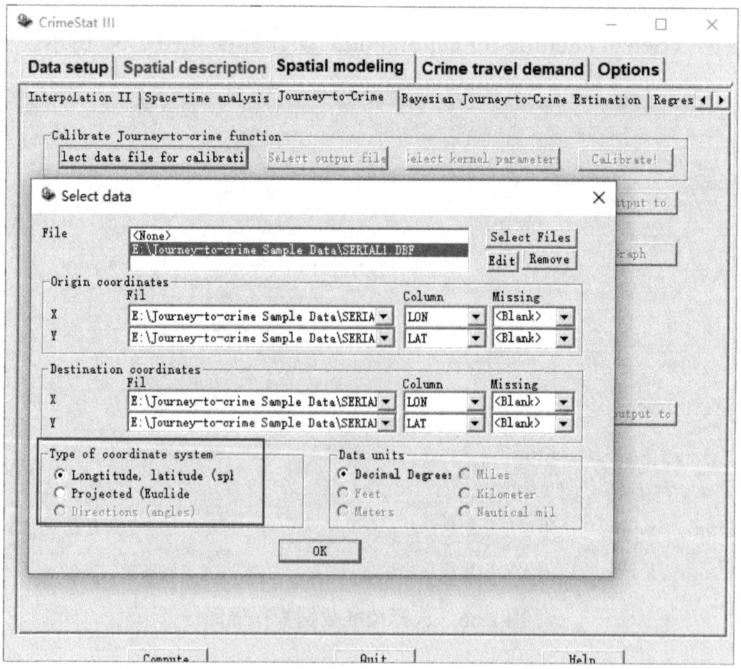

图 2.68　设置坐标系类型和数据单位

3. 选择核心参数

选择核心参数（Select kernel parameter）界面如图 2.69 所示。

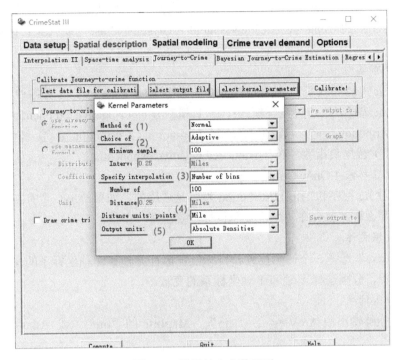

图 2.69　选择核心参数界面

共有五种方法，其中四种是在研究区内的特定区域内赋权重，另一种是在整个研究区内分配权重插值。五种方法结果差别不大，Normal 方法的结果相对比较平滑。

（1）Normal（在整个研究区分配权重）：覆盖每一个研究区内的点，是默认的插值方法。在各个方向上分布，只受研究区限制。

（2）Uniform：在指定的区域内为每个单元赋予相同的值。

（3）Quartic：从每个点在指定范围延伸的倒钟形表面；距离内结点的权重逐渐下降。

（4）Triangulated（conical）：每个锥面覆盖一个网格单元，指定区域内的点的权重随距离均匀减小。

（5）Negative exponential（peaked）：内核在网格单元是快速递减的函数，指定区域内的点的权重随距离快速减小。

4. 用 Jtc 程序估计犯罪历程

Jtc 程序估计一系列罪犯居住在研究区域任意位置的可能性，主文件和参考文件都是需要的。主文件中包含了一系列罪犯的坐标位置，而参考文件中给出了研究区域内所有点的坐标位置。Jtc 程序能采用两种不同的行进距离函数：①一个已经校正过的函数；②一个数学公式。

1）使用标准化距离函数

如果行进距离函数已经被校正了，那么就可以直接输入 Jtc 程序。

2）输入（Input）

用户需选择一个已经校正过的距离函数。可读取 dbf、txt 和 dat 格式的文件。

3）输出（output）

Jtc 程序计算一个相对可能性来估计参考文件中的每个单元，高值表示高的相对可能性。结果能够输出成一个 Surfer for Windows 文件，或者一个 ArcView 的"shp"、MapInfo 的"mif"、AtlasGIS 的"bna"、ArcView Spatial Analyst 的 "asc"或 ASCII grid 的 "grd"文件。

4）选择分布类型

一个数学公式能够代替一个已经校正的距离函数，也有必要说明各种分布类型。在 CrimeStat 中能够选择以下 5 种数学模式：① 负指数分布（Negative exponential）；② 正态分布（Normal distribution）；③ 对数正态分布（Log-normal distribution）；④ 线性分布（Linear distribution）；⑤ 截尾负指数分布（Truncated negative exponential）。

5）绘制犯罪路线（Draw Crime Trips）

这个程序对 Jtc 程序和 Trip Distribution 程序是通用的，如果给出一个有初始位置和目标位置的文件，那么程序就会在初始位置和目标位置上画一条线。

6）选择数据文件

使用"browse"选择一个初始位置和目标位置都有 X 轴和 Y 轴坐标系的文件。对于起始位置和目标位置，分别选择 X 轴和 Y 轴坐标系的变量。

7）保存输出结果

绘图结果能够输出成 ArcView 的"shp"、 MapInfo 的"mif" 或 Atlas GIS 的"bna"格式。

2.6　小　　结

CrimeStat 是一个犯罪地图软件程序，运行在 Windows 环境中，可进行空间统计分析，旨在与 GIS 连接。CrimeStat 犯罪行程分析方法能够为排查系列犯罪分子可能的居住地的地理范围提供强大的技术支持，很好地辅助刑侦工作者缩小摸排范围，提高工作效率。

CrimeStat 也存在一些缺点：与其他空间统计程序不同，CrimeStat 没有映射功能，必须与 GIS 软件一起使用；一些用户发现图形用户界面（graphical user interface, GUI）难以理解并且例程之间不一致；因为 CrimeStat 在大多数例程中分析点，所以其结果并不总是与分析区域的软件（如 GeoDa）一致。

2.7　附件 1：相关概念

主文件：是具有 X 坐标和 Y 坐标的事件或点位置的文件。坐标系可以是球形（纬度/经度）或投影。每个事件都可以具有相关的时间值。

辅助文件：是具有 X 坐标和 Y 坐标的事件或点位置的关联文件。坐标系必须与主文件相同。辅助文件用于与风险调整的最近邻聚类例程和双核内插中的主文件进行比较。

参考文件：是一个覆盖研究区域的网格文件。通常，它是一个常规网格，但可以导入不规则网格。如果给出左下角和右上角的 X 和 Y 坐标，CrimeStat 可以生成网格。

测量参数：为页面标识要使用的距离测量类型，并指定研究区域的区域和街道网络的长度的参数。CrimeStat Ⅲ 能够利用网络连接点。每个子区域可以按行程时间、行程速度、旅行费用或简单距离进行加权，这能够更加真实地估计点之间的相互作用。

空间分布：用于描述事件空间分布的统计数据，如平均中心、中位中心、最小距离中心、标准差椭圆、Moran's I。

平均中心和标准距离（mean center and standard distance）：定义了算术平均位置和程度分布的分散性。

标准差椭圆（standard deviational ellipse）：定义关于分布的离差和方向。

空间自相关：用于描述区域之间空间自相关量的统计数据，包括一般空间自相关指数 Moran's I、Geary's C 和 Getis-Ord G，以及计算不同距离分离的空间自相关的 Moran 相关图、Geary 相关图、Getis-Ord 相关图。其中一些例程可以使用蒙特卡罗模拟模型来模拟置信区间。

距离分析 1：用于描述事件之间距离属性的统计数据，包括最邻近分析、线性最近邻分析和 Ripley K 统计量。还有一个例程，可以根据最近邻点或多边形点将主要点分配给次要点，然后将结果与次要点值相加。

距离分析 2：计算矩阵表示主文件的点之间的距离、主点和次点之间的距离，以及主文件和辅助文件与网格之间的距离。

热点分析 1：用于进行热点分析的例程，包括模式、模糊模式、分层最近邻聚类和风险调整的最近邻层次聚类。分层最近邻热点可以输出为椭圆或凸包。

热点分析 2：进行热点分析的更多例程，包括犯罪的空间和时间分析（STAC）、K 均值聚类、Anselin 的本地 Moran 和 Getis-Ord 本地 G 统计。STAC 和 K 均值热点可以输出为椭圆或凸包。所有这些例程都可以使用蒙特卡罗模拟模型来模拟置信区间。

插值 1：用于产生事故密度（如盗窃）的表面或轮廓估计的单变量核密度估计程序，和用于比较事故密度与潜在基线密度的双变量核密度估算程序（如相对于住户数量的盗窃）。

插值 2：用于平滑区域数据的 Head Bang 例程，可应用于事件（体积）、速率，或可用于创建速率。此外，还有一个插值的 Head Bang 例程，用于将平滑的 Head Bang 结果插值到网格单元格。

单核密度估计（kernel density estimate）：单核密度例程通过在每个点上重叠对称表面，用核函数计算从点到每个参考单元的距离，并且对每个参考单元的评估求和来估计单个分布的点的密度。估算步骤为：① 要插补的文件；② 插值方法；③ 带宽选择（自适应带宽、固定带宽）；④ 使用强度变量；⑤ 使用加权变量；⑥ 输出。

双核密度估计（dual kernel density estimate）：除单核密度估计的步骤外，多了可变带宽选择操作。

时空分析：一组用于分析时间和空间聚类的工具，包括寻找时间和空间之间关系的诺克斯指数和 Mantel 指数，以及相关步行分析模块。它主要用于分析和预测连续犯罪者的行为和时空移动平均线。

诺克斯指数（Knox index）：是表示"时间上的接近度"和"距离上的接近度"关系的指标。事件在距离和时间上进行比较，并且被表示为 2×2 表格的形式。如果有一个关系，它通常是正的，也就是事件在空间（即距离）上靠近在一起也在短时间跨度中发生。用于定义时间或距离上的接近度的方法为：① 平均值，默认值；② 中位数；③ 用户定义。

可以利用蒙特卡罗模拟来估计近似的类型 I 误差概率水平的诺克斯指数。由用户指定模拟运行的数量。数据可以是随机的，计算每次运行的诺克斯指数的卡方值，则随机输出被排序并且计算百分位数。

Mantel 指数：用于度量时间接近度和距离接近度之间的相关性，比较每对事件的时间间隔和它们之间的距离。如果时间的接近和空间的接近之间存在正的关系（距离），则两种测量之间应存在相当大的正相关。注意，因为比较的是事件对，所以在数据集中存在 $N \times (N-1)/2$ 对，其中 N 为事件的数量。

犯罪分析之旅：一种简单的刑事司法方法，用于根据事件分布和行程距离模型估计连环犯罪的可能位置。该例程允许用户使用校准文件估计行程模型并将其应用于串行事件。它可以用于识别可能的位置给定"点"的分布和关于旅行行为的假设，是在起点和目的地（犯罪旅行）之间绘制线条的例程。

贝叶斯犯罪路程估计：一种高级的刑事司法方法，用于根据事件分布估计连环犯罪的可能位置、旅行距离模型以及原始目的地矩阵，显示犯罪发生地点与犯罪者居住地之间的关系。诊断程序分析其居住地已知的连环违规者，并估计几个犯罪估计之旅中的哪一个最准确。考虑到事件的分布、旅行行为的假设及在相同地点犯罪的罪犯的来源，可以应用选定的方法来识别单个连环罪犯的可能居住地点。

回归建模：用于分析因变量和一个或多个自变量之间关系的模块。CrimeStat 回归模块包括普通最小二乘和基于泊松的回归模型，遵从最大似然估计（maximum likelihood estimate，MLE）或马尔可夫链蒙特卡罗（Markov Chain Monte Carlo, MCMC）算法估计。当前版本包括四种不同的模型，包括 OLS、Poisson with Linear Dispersion Correction、Poisson-Gamma 和 Poisson-Gamma 条件自相关（CAR）空间回归模型。该模块可以通过块采样方法处理非常大的数据集，还有一个模块可以将估计系数应用于新数据集以进行预测。

2.8　附件 2：相关公式与算法

2.8.1　平均中心

空间统计中常用的空间描述量，计算过程也非常简单，除了以下的 X、Y，当有权重数据或者有 Z 时可以一样计算，但是平均中心会对极值比较敏感。

$$\bar{X} = \sum_{i=1}^{N} \frac{X_i}{N} \quad \bar{Y} = \sum_{i=1}^{N} \frac{Y_i}{N} \tag{2.1}$$

其中，X_i 和 Y_i 为各个位置的坐标；N 为总点数。

2.8.2　最小距离中心

针对空间数据，尤其是一堆点数据集，计算一个点到其他点距离总和最小。例如，在一堆仓库中选一个作为仓储中心时，最小距离中心具有非常高的经济价值。

$$\text{Center of Minimum Distance} = \sum_{i=1}^{N} d_{ic} \tag{2.2}$$

其中，N 为总点数。公式表示点 c 到各个点距离之和最小。

2.8.3　标准差椭圆

标准差椭圆是同时对点的方向和分布进行分析的一种经典算法。

$$\theta = \mathrm{ARCTAN}\frac{\left[\sum(X_i-\bar{X})^2-(Y_i-\bar{Y})^2\right]+\left\{\left[\sum(X_i-\bar{X})^2-(Y_i-\bar{Y})^2\right]^2+4\left[\sum(X_i-\bar{X})(Y_i-\bar{Y})\right]^2\right\}^{\frac{1}{2}}}{2\sum(X_i-\bar{X})(Y_i-\bar{Y})}$$

$$(2.3)$$

$$S_x = \mathrm{SQRT}\left\{2\times\frac{\sum\left[(X_i-X)\cos\theta-\sum(Y_i-Y)\sin\theta\right]^2}{N-2}\right\} \tag{2.4}$$

$$S_y = \mathrm{SQRT}\left\{2\times\frac{\sum\left[(X_i-\bar{X})\sin\theta-\sum(Y_i-\bar{Y})\cos\theta\right]^2}{N-2}\right\} \tag{2.5}$$

$$\mathrm{Length}_x = 2S_x \qquad A = \pi S_x S_y \qquad \mathrm{Length}_y = 2S_y \tag{2.6}$$

　　确定旋转角度：使用 X、Y 与平均中心的差；确定圆心：采用算数平均中心；确定 X、Y 轴的长度：用 X、Y 的方差进行计算，得到长短半轴。长半轴表示数据分布的方向，短半轴表示数据分布的范围，长短半轴的值差距越大（扁率越大），表示数据的方向性越明显；短半轴越短，表示数据呈现的向心力越明显；反之，短半轴越长，表示数据的离散程度越大。

　　主要应用：可用来在地图上标示一组犯罪行为的分布趋势，并且能够确定该行为与特定要素（多个酒吧或餐馆、某条特定街道等）的关系。

2.8.4　Moran's I

　　Moran's I 是澳大利亚统计学家帕特里克·阿尔弗雷德·皮尔斯·莫兰（Patrick Alfred Pierce Moran）在 1950 年提出的。空间自相关的 Moran's I 统计可表示为

$$I = \frac{n}{S_0}\frac{\sum_{i=1}^{n}\sum_{j=1}^{n}w_{ij}z_i z_j}{\sum_{i=1}^{n}z_i^2} \tag{2.7}$$

其中，z_i 为要素 i 的属性与其平均值 x_i–x 的偏差；w_{ij} 为要素 i 和 j 之间的空间权重；n 为要素总数；S_0 为所有空间权重的聚合。

$$S_0 = \sum_{i=1}^{n}\sum_{j=1}^{n}w_{ij} \tag{2.8}$$

　　统计的 Z_I 为

$$Z_I = \frac{I-E[I]}{\sqrt{V[I]}} \tag{2.9}$$

其中，

$$E[I] = -1/(n-1) \tag{2.10}$$

$$V[I] = E[I^2]-E[I]^2 \tag{2.11}$$

　　Moran's I ＞0 表示空间正相关性，其值越大，空间相关性越明显；Moran's I＜0 表示空间负相关性，其值越小，空间差异越大；Moran's I = 0，空间呈随机性。空间上面的正相关，就是指随着空间分布位置（距离）的聚集，相关性就越发显著；空间上的负相关正好相反，

随着空间分布位置的离散，反而相关性变得显著。

2.8.5　最邻近指数

使用最邻近的点对之间的距离描述分布模式。

$$\text{Nearest Neighbor Distance} = d(\text{NN}) = \sum_{i=1}^{N}\left[\frac{\text{Min}(d_{ij})}{N}\right] \tag{2.12}$$

$$\text{Mean Random Distance} = d(\text{ran}) = 0.5\text{SQRT}\left[\frac{A}{N}\right] \tag{2.13}$$

$$\text{Nearest Neighbor Index} = \text{NNI} = \frac{d(\text{NN})}{d(\text{ran})} \tag{2.14}$$

其中，$\text{Min}(d_{ij})$ 为每个点和它最邻近点之间的距离；A 为区域的总面积；N 为事件发生的总数。NNI=1，观测过程属于完全随机分布；NNI<1，表明大量事件点在空间上相互接近，属于空间聚集模式；NNI>1，表明事件模式中的空间点是相互排斥，表现为离散。

最近邻指数的显著性检验包括如下步骤：

（1）建立检验假设，确定检验水准。

$$H_0:\ \mu_1=\mu_2\ ;\ H_1:\ \mu_1\neq\mu_2\ ;\ \alpha=0.05$$

（2）计算检验统计量。显著程度判断标准如表 2.1 所示。

表 2.1　|Z| 与 P 值关系

|Z|	P 值	差异程度
≥2.58	≤0.01	非常显著
≥1.96	≤0.05	显著
<1.96	>0.05	不显著

2.8.6　线性最邻近指数

线性最邻近指数是最邻近分析的一个变形，应用于街道网络。

$$\text{Nearest Neighbor Distance} = d(\text{NN}) = \sum_{i=1}^{N}\left[\frac{\text{Min}(d_{ij})}{N}\right] \tag{2.15}$$

$$\text{L}d(\text{ran}) = 0.5\left(\frac{L}{N-1}\right) \tag{2.16}$$

$$\text{Linear Nearest Neighbor Index} = \frac{d(\text{NN})}{\text{L}d(\text{ran})} \tag{2.17}$$

2.8.7　多距离空间聚类分析

最邻近统计的一个超级聚集，从最小距离到给定限制的距离进行随机测试。

$$E(\#\text{ of points within distance } d_i) = \frac{N}{A}K(t_s) \tag{2.18}$$

$$E\left(\# \text{ un der csr}\right)=\frac{N}{A}\pi t_s^2 \quad (2.19)$$

$$K\left(t_s\right)=\frac{A}{N^2}\sum_i\sum_{i\neq j}I\left(t_{ij}\right) \quad (2.20)$$

$$t_s=\frac{R}{100} \quad (2.21)$$

$$\mathrm{L}\left(t_s\right)=\mathrm{SQRT}\left[\frac{K\left(t_s\right)}{\pi}\right]-t_s \quad (2.22)$$

其中，N 为样本大小；A 为研究区总面积；$K(t_s)$ 为以 t_s 为半径的圆面积；$I(t_{ij})$ 为 i 点在 t_s 距离内找到的其他点数 j 的总数目；R 为圆的半径，其面积等于研究区域，即在测量参数页面上输入的区域。

2.8.8　K 均值聚类

K 均值聚类算法是一种简单的迭代型聚类算法，采用距离作为相似性指标，从而发现给定数据集中的 K 个类，且每个类的中心是根据类中所有值的均值得到的，每个类用聚类中心来描述。对于给定的一个包含 n 个 d 维数据点的数据集 X，以及要分得的类别 K，选取欧氏距离作为相似度指标，聚类目标是使得各类的聚类平方和最小，即最小化：

$$J=\sum_{k=1}^{k}\sum_{i=1}^{n}\left(x_i-u_k\right)^2 \quad (2.23)$$

结合最小二乘法和拉格朗日原理，聚类中心为对应类别中各数据点的平均值；同时为了使算法收敛，在迭代过程中，应使最终的聚类中心尽可能不变。

K 均值聚类算法分为如下四个步骤：

（1）选取数据空间中的 K 个对象作为初始中心，每个对象代表一个聚类中心。

（2）对于样本中的数据对象，根据它们与这些聚类中心的欧氏距离，按距离最近的准则将它们分到距离它们最近的聚类中心（最相似）所对应的类。

（3）更新聚类中心：将每个类别中所有对象所对应的均值作为该类别的聚类中心，计算目标函数的值。

（4）判断聚类中心和目标函数的值是否发生改变，若不变，则输出结果，若改变，则返回（2）。

2.8.9　核密度插值

密度分析是根据输入要素数据计算整个区域的数据聚集状况，可以找出哪些地方点或者线比较集中。核密度分析中，落入搜索区的点具有不同的权重，靠近搜索中心的点或线会被赋予较大的权重，反之，权重较小，计算结果分布较平滑。

（1）相对密度：指单位面积上的事件数，由网格的大小来决定，如给出每平方千米或者每平方米上有多个事件，这也是大多数 GIS 软件的默认选项。需要注意的是，在 ArcGIS 里面这是默认且唯一的选项。

（2）绝对密度：每个单元网格上面的事件数——也就是说，会把密度图的单元格变成数字，这样所有单元格上的数字之和就正好等于所进行分析的总事件数目。

2.8.10 犯罪旅行分析

该模块主要分析单个罪犯犯下事件的空间和时间顺序，预测该罪犯的下一次犯罪活动发生的地点和时间。该统计量的原型为随机行为理论，该理论的基础是物理学的布朗运动，该定律是跨学科适用的定律。

$$E(d) = d_{rms} \times \sqrt{N} \tag{2.24}$$

$$d_{rms} = \sqrt{\left(\frac{\sum d_i^2}{N} \right)} \tag{2.25}$$

相关步行分析（correlation walking analysis, CWA）：计算连续事件之间的时间、距离、方向上的间隔，计算皮尔逊相关系数。调整后的相关分析式为

$$A = \frac{M - L - 1}{M - 1} \tag{2.26}$$

其中，M 为间隔的个数；L 为比较步长。

CWA 诊断：其他部分与 CWA 相关图一致，但是多了一个普通的最小二乘自回归，会返回回归等式，包括时间、空间等。

CWA 预测：有三种方式进行回归，每一种有一个步长，分别是均差、中位差和回归方程。

第 3 章　GeoDa 空间统计分析软件简介与应用

3.1　GeoDa 软件简介

3.1.1　背景

空间计量学是一门运用计量（特别是概率统计和数字地图）对变量之间在"空间"上的"因果"关系进行定量分析的学科。空间计量学分析需要依靠计算机进行分析处理。常用的空间数据分析软件有 Matlab、SAS、Stata、R 语言、GeoDa 等。

GeoDa 软件由美国科学院院士 Luc Anselin 教授主持开发，最初的成果是为了在 ESRI 的 ArcInfo GIS 和 SpacStat 软件间建立一个桥梁，用来进行空间数据分析。第二阶段由一系列对 ESRI 的 ArcView3.X GIS 的执行连接窗口和级联更新的扩展的理念组成。第一代独立的且不需要特定 GIS 系统的 GeoDa 软件于 2003 年 2 月问世。对比这些扩展，当前的软件是独立的并且不需要特定的 GIS 系统。GeoDa 软件能在微软公司各种风格的操作系统下运行，它的安装系统包括了所有需要的文件。

GeoDa 很像早时研制的基于 DOS 系统的著名软件 Spacestat 的 Windows 版本。主要支持的数据格式是 ArcView 的 shp，除此之外，还可以应用常用的 dbf 文件、excel 的表格文件和 MapInfo 的数据文件等 9 种数据格式。GeoDa 是一款非常有用的地理信息软件，不仅可以实现一般的绘图功能，而且还能对空间数据进行分析。

GeoDa 软件是一款基于点数据和面数据进行探索性空间数据分析的软件，也是一个专用于栅格数据探求性空间数据分析的模型工具的集成软件，同时也是利用栅格数据探求性空间数据分析软件工具集合体的最新成果。GeoDa 通过探索和建立空间模式，向用户提供了全新的空间数据分析视角。

3.1.2　GeoDa 软件的特点

（1）GeoDa 空间数据处理能力很强，可以进行点和多边形文件的相互转换、制作邻接矩阵等操作。

（2）它向用户提供一个友好的和图示的界面用以描述空间数据分析，如自相关性统计、基本的空间回归分析和异常值指示等。

（3）基于动态链接窗口技术，利用多张地图和统计图来实现交互式操作。

（4）GeoDa 能在各种风格的微软公司的操作系统下运行。它的安装系统包括了所有需要的文件。

GeoDa 的优点如下。

（1）可视化：地图可视化、异常值可高亮显示。

（2）交互式：使用动态链接窗口技术将地图与统计图表组合在一起。

（3）用户界面友好：操作简单，方便易懂。

（4）功能强大：空间数据处理能力增强。

GeoDa 的缺点如下。

（1）GeoDa 提供了 demo 数据和使用指南，但其联机帮助系统不够完善，一些帮助信息需要在其使用指南中查找，不是特别方便。

（2）GeoDa 只能读入 shp 文件。打开一个项目，如果数据不是 shp 文件格式，则需要用软件自带的空间数据处理工具来创建。

3.1.3　发展趋势

从 2003 年 2 月 GeoDa 发布第一个版本以来，其用户数量就在成倍增长，如今 GeoDa 最新发布的版本是 1.12。最新版本包含了很多新的功能，例如，单变量和多变量的局部 Geary 聚类分析，集成了经典的（非空间）聚类分析方法；同时 GeoDa 也支持更多的空间数据格式，支持时空数据、均值比较图表、散点图矩阵及灵活的数据分类方法。

GeoDa 的设计包含一个由地图和统计图表相联合的相互作用的环境，使用强大的链接窗口技术。GeoDa 是被 ESRI 公司引用到 ArcGIS 的一个全新的空间数据模型，建立在数据库管理系统（database management system, DBMS）上的统一的、智能的空间数据模型。

首先和最重要的是努力实现现代码跨平台和开源。其次，发展涉及空间回归功能。最后，ESDA（空间自相关的度量和计算）本身的功能正在扩展到除了在"栅格"情况下的离散位置以外的数据模型。

3.2　GeoDa 功能界面

3.2.1　GeoDa 的窗口组成

由于 GeoDa 版本的不同，会出现图 3.1～图 3.3 所示的不同界面。主要的软件功能是类似的，只是功能模块的数量有一些差异。

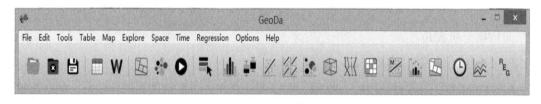

图 3.1　版本 1 界面

图 3.1 界面中的菜单，详细说明如下。

主菜单栏：① File（打开、新建和关闭文件）；② Edit（控制地图窗口和图层）；③ Tools（空间数据处理）；④ Table（数据表格处理）；⑤ Map（地图编制）；⑥ Explore（探索性数据分析、统计图表编制）；⑦ Space（空间数据分析、空间自相关分析）；⑧ Time（时间编辑器）；⑨ Regression（空间回归分析）；⑩ Options（地图的基础性操作、特殊的应用选项）；⑪ Help（帮助）。

图 3.2　版本 2 界面

图 3.3　版本 3 界面

在图 3.3 中，GeoDa 软件主要包括 File、Tool、Table、Map、Explore、Space、Methods、Options 和 Help 菜单项。其中 File 主要用于打开（新建）工程和退出程序，Tool 主要包括权重和多边形的操作，Methods 是各种分析方法，Options 主要是一些地图的基础性操作。

在图 3.3 中，第二排的快捷功能按钮说明如下：

前三个是新建文件、打开文件和新建文件夹。其中 GeoDa 中涉及的文档有 3 种类型：shp、shx 和 dbf，前二者是地图或图形文档，后者是资料（特别是数据）文档。

然后是保存文件、打开数据表按钮。GeoDa 操作的文件不仅包含地图的内容（如图形文档、shp 和 shx），同样也包含数据表内容。数据表是 dBase 数据库格式，扩展名为 dbf。

后面的快捷键是设置默认的变量、创建空间权重。GeoDa 可通过创建空间权重矩阵来表达空间对象的空间依赖关系。

接下来的是连接直方图、时间控制快捷按钮。除了"静态"地图外，GeoDa 还提供了动画地图的功能。播放动画时，地图中的多边形会从最低值到最高值逐渐被深色的阴影所填充。

再接下来是仿真、分类编辑器和地图等快捷按钮。空间计量的特色之一就是相关计量内容需要落实到地图上。GeoDa 可以实现数字地图的绘制，包括以下类型：①示意地图，可生成一种圆圈统计地图来显示地图中的极端值。②直方图，可制作统计图表，可视化地探索空间数据的概率分布结构和空间分布结构。③箱形图和散点图等。

GeoDa 可进行探索数据分析，探测一些变量的空间关联性和集聚现象。该功能中出现如下图形按钮：气泡图、3D 散点图、平行坐标图、莫兰散点图、局部莫兰散点图、局部统计图和回归分析等快捷功能按钮。

3.2.2　File 空间数据操作

打开一个文件后，未点亮的图标会点亮处于可编辑的状态，如图 3.4 所示。

图 3.4　File 操作主界面

GeoDa 主要支持的数据格式是 shp，此外还支持其他相关数据类型，如图 3.5 所示。

```
ESRI Shapefile (*.shp)
SQLite/SpatialLite (*.sqlite)
Comma Separated Value (*.csv)
dBase Database File (*.dbf)
GeoJSON (*.json)
Geography Markup Language (*.gml)
Keyhole Markup Language (*.kml)
MapInfo (*.tab, *.mif, *.mid)
MS Excel (*.xls)
```

图 3.5　GeoDa 支持的数据类型

3.2.3　Table 数据表格处理

GeoDa 中的 Table 菜单项具有如下功能。

（1）具有基本的数据处理和编辑方法，如浏览与选择、排序、查询、计算等。

（2）拥有一些比较简单的计算功能，包括添加新变量、删除现有变量，甚至转换现有变量的功能。

在 GeoDa 主界面上点击"Table"进行数据表相关处理。该菜单包括的子菜单如图 3.6 所示。

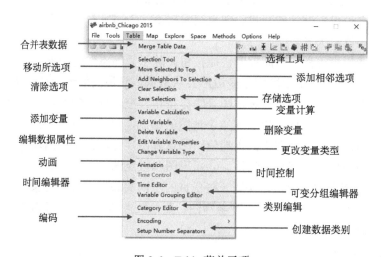

图 3.6　Table 菜单子项

该菜单项有如下子菜单（18 项）：合并表数据、选择工具、移动所选项、添加相邻选项、清除选项、存储选项、变量计算、添加变量、删除变量、编辑数据属性、更改变量类型、动画、时间控制、时间编辑器、可变分组编辑器、类别编辑、编码和创建数据类别。

3.2.4　Map 制图

GeoDa 可制作统计图表，可视化地探索空间数据的概率分布结构和空间分布结构。在 GeoDa 主界面上点击"Map"进行各类制图处理。该菜单包括的子菜单如图 3.7 所示。

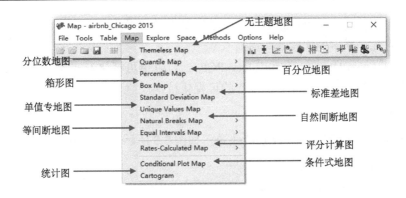

图 3.7　Map 菜单子项

该菜单项有如下菜单子项（11 项）：无主题地图、分位数地图、百分位地图、箱形图、标准差地图、单值专地图、自然间断地图、等间断地图、评分计算图、条件式地图和统计图。

其中，分位数地图是根据分位数来划分数量等级的地图。百分位地图与分位数地图有所不同，其分位数是固定和不均等的。箱形地图是一种特殊的 4 分位地图，在 4 分位数地图上加上一个异常值等级，强调具有异常值的地域单位。标准差地图以平均值为中心，向下划 3 个等级，向上划 3 个等级，共 6 个等级。

3.2.5　Explore 探索性数据分析（EDA）

GeoDa 可进行探索性空间数据分析，探测一些变量的空间关联性和集聚现象。在 GeoDa 主界面上点击"Explore"进行探索性数据分析。Explore 菜单子项如图 3.8 所示。

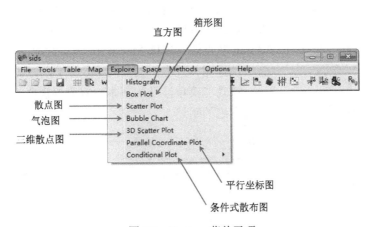

图 3.8　Explore 菜单子项

该菜单项有如下菜单子项（7 项）：直方图、箱形图、散点图、气泡图、3D 散点图、平行坐标图和条件式散布图。

散点图是一种以点的分布反映变量之间相关情况的统计图。根据图中各个点的分布走向和密度可以大致判断变量之间的相互关系。根据反映变量的维度可分为二维和三维。一般散点图是指二维的散点图。

　　箱形图，也称箱线图，可以粗略地看出数据是否具有对称性、分布的分散程度等信息，特别适合用于对几个样本的比较。

　　平行坐标图（parallel coordinate plot，PCP），可以用可视化方式表现超高维数据，是一种将高维"点"映射为二维平面"折线"的可视化技术。

3.2.6　Cluster 聚类分析

　　GeoDa 的部分版本具有 Cluster 功能菜单，如图 3.9 所示。其菜单子项如图 3.10 所示。

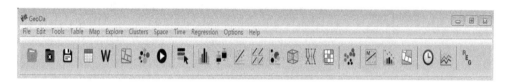

图 3.9　Cluster 功能菜单的主界面

图 3.10　Cluster 功能菜单子项

　　该菜单项中包含如下制图子项（14 项）：单变量散点图、多变量散点图、微分散点图、带有双变量值的莫兰指数图、单变量局部散点图、多变量局部散点图、微分局部散点图、带有双变量值的局部莫兰指数图、局部 G 簇图、局部 G*簇图、局部空间自相关图、单变量局部 Geary 聚类图、多变量局部 Geary 聚类图和非参数空间自相关。

3.2.7　Space 空间（自相关分析）

　　该菜单项包含如下菜单子项（图 3.11）：Moran 散点图及 Moran's I 推断、二元散点图及 Moran's I 推断、发生率的 Moran 散点图、局域 Moran's I 显著性地图、二元 Moran's I 集聚性地图、发生率的局域 Moran's I 和局部 Geray 统计。

　　该功能菜单涉及的基本内容简要说明如下，将在 3.8 节将做详细的阐述。

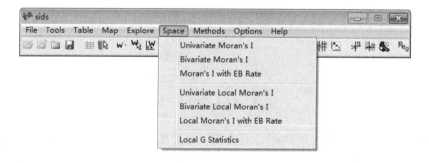

图 3.11　Space 菜单界面

　　全局 Moran's I 指数由 Moran 于 1948 年提出，它反映的是空间邻接或邻近的区域单元属性值的相似程度。Moran's I 指数的取值范围近似为-1～1，越接近-1 则代表单元间的差异越大或分布越不集中，越接近 1 则代表单元间的关系越密切，性质越相似（高值聚集或低值聚集），接近 0 则代表单元间不相关。

空间自相关是指同一个变量在不同空间位置上的相关性，是空间单元属性值聚集程度的一种度量。空间自相关性使用全局和局部两种指标，全局指标用于探测整个研究区域的空间模式，使用单一的值来反映该区域的自相关程度。局部指标计算每一个空间单元与邻近单元就某一属性的相关程度。

3.2.8　Methods 方法

某些 GeoDa 版本有此菜单项，如图 3.12 所示。

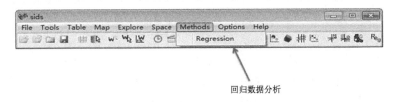

图 3.12　Methods 菜单

该菜单项涉及 Regression（回归分析）菜单子项，包括 Classic（OLS）经典线性插值方法、Spatial Lag 空间滞后模型方法（以最大似然法为基础）和 Spatial Error 空间误差模型方法。

选择 Regression 菜单项后，需要选择回归变量和设置回归模型等，如图 3.13 所示。详细的模型、参数说明和操作见 3.6 节的介绍。

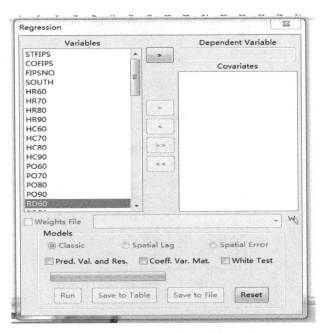

图 3.13　选择回归变量和设置回归模型参数的界面

3.3　File 空间数据文件处理

3.3.1　文件基本操作

File 菜单可打开和保存相关文件，软件主界面如图 3.14 所示。

图 3.14　软件操作主界面

数据来源有四种途径：数据文件加载、数据库、Web 页面和 Carto 软件。Carto 软件是用于 XL-80 和 XM-60 激光测量系统的快捷且易于使用的软件。在数据文件加载选项卡，有 GeoDa 软件附带的样例数据文件可以使用，如图 3.15 所示。

可进行文件操作的数据文件类型如图 3.16 所示。

点击"Database"菜单选项卡，出现如图 3.17 所示的界面。

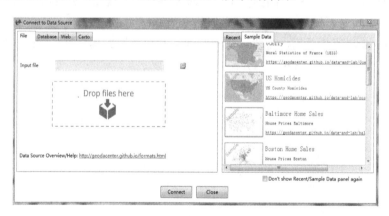

图 3.15　数据加载界面

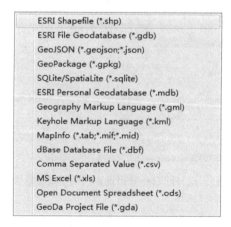

图 3.16　可进行文件操作的数据文件类型

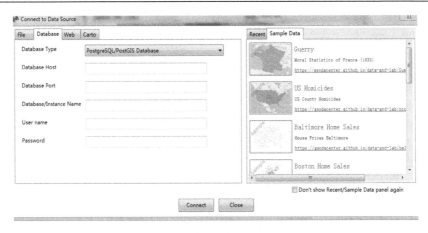

图 3.17　连接数据库的界面

在图 3.17 中，需要输入选择连接的数据库类型、主机和端口，同时还需要输入数据库或实例名称、用户名和密码等信息。可连接的数据库类型包括 PostgreSQL/PostGIS Database、Oracle Spatial Database、ERSI ArcSDE，以及 MySQL Spatial Database，如图 3.18 所示。

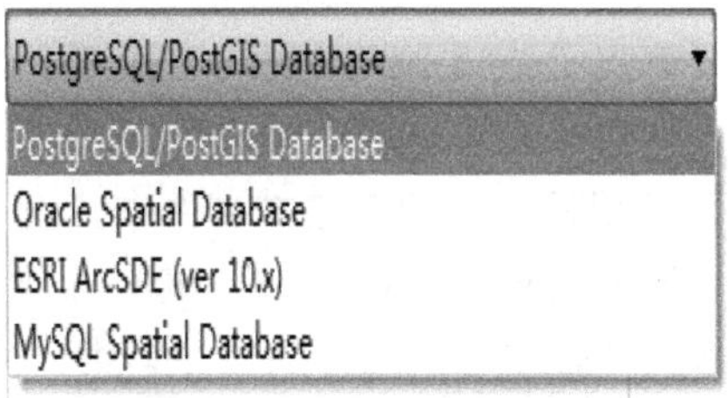

点击 Web 菜单选项卡，则出现如图 3.19 所示的界面。在该界面中可加载 GeoJson URL 等超级链接页面。

图 3.18　可连接的数据库类型

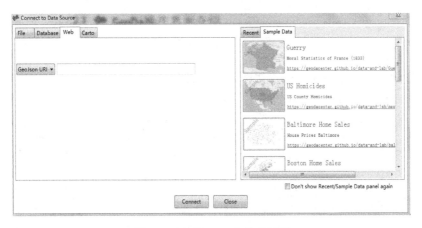

图 3.19　加载 Web 文件的界面

点击 Carto 菜单选项卡，则可输入用户名和 App Key 值，连接使用 Carto 软件的数据文件，如图 3.20 所示。

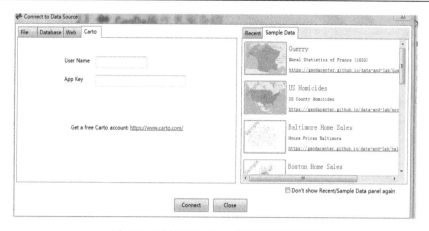

图 3.20　连接使用 Carto 数据文件的界面

3.3.2　创建点文件案例

可利用 Text 输入文件或 dbf 数据库文件创建一个点 shp 文件。用来创建点 shp 文件的输入文件的格式是非常简单的。输入文件最少要包括三个变量：唯一的识别码（整型数值）、x 坐标和 y 坐标。在 dbf 格式文件中，没有其他的要求。

当输入文件为 txt 格式，每一个观察对象的三个必要的变量要单独占一行，用逗号隔开。输入文件必须包括两行头文件。第一行包括观测对象的数目和变量个数，第二行为变量名。如图 3.21 所示。

```
80,78
STATION,MONITOR,LAT,LON,X_COORD,Y_COORD,M971,M972,M973,M974,M975,M976,M977,M978,
60,70060,34.135833,-117.923611,414841.1516,3777602.226,5,6,9,9,16,12,17,14,15,11
69,70069,34.176111,-118.315278,378784.2038,3782464.731,4,5,9,8,12,10,14,13,11,10
72,70072,33.823611,-118.187500,390107.7855,3743232.55,4,6,9,8,10,7,10,8,7,4,4
74,70074,34.199444,-118.534722,358597.5668,3785334.902,5,5,8,7,11,10,11,13,10,11
75,70075,34.066944,-117.751389,430664.5885,3769883.316,4,5,8,9,14,11,16,14,16,11
```

图 3.21　txt 文件的格式

将 dbf 数据库文件创建为一个点文件，步骤如下。

（1）打开 columbus.dbf 文件，如图 3.22 所示。

	AREA	PERIMETER	COLUMBUS_	COLUMBUS_I	POLYID	NEIG	HOVAL	INC
1	0.309441	2.440629	2	5	1	5	80.467003	19.53:
2	0.259329	2.236939	3	1	2	1	44.567001	21.23:
3	0.192468	2.187547	4	6	3	6	26.350000	15.956
4	0.083841	1.427635	5	2	4	2	33.200001	4.47:
5	0.488888	2.997133	6	7	5	7	23.225000	11.252
6	0.283079	2.335634	7	8	6	8	28.750000	16.028
7	0.257361	2.554577	8	4	7	4	75.000000	8.438
8	0.204954	2.139524	9	3	8	3	37.125000	11.33:
9	0.500755	3.169707	10	18	9	18	52.599998	17.586
10	0.246689	2.087235	11	10	10	10	96.400002	13.598
11	0.041012	0.919488	12	38	11	38	19.700001	7.46:
12	0.035769	0.902125	13	37	12	37	19.900000	10.048
13	0.034377	0.936590	14	39	13	39	41.700001	9.549
14	0.060884	1.128424	15	40	14	40	42.900002	9.96:
15	0.106653	1.437606	16	9	15	9	18.000000	9.87:
16	0.093154	1.340061	17	36	16	36	18.799999	7.62:
17	0.102087	1.382359	18	17	17	11	41.750000	9.798
18	0.055494	1.183352	19	42	18	42	60.000000	13.18:
19	0.061342	1.249247	20	41	19	41	30.600000	11.618
20	0.444629	3.174601	21	17	20	17	81.266998	31.070

图 3.22　一个 dbf 文件

（2）在主界面菜单项中，选择 Tools→Shape-points From Table，则产生需要确定地图坐标轴的界面，如图 3.23 所示。

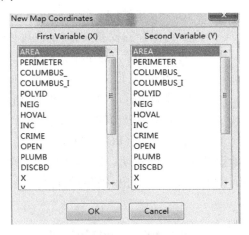

图 3.23　确定地图坐标轴的界面

可在 First Variable（X）选择经度，Second Variable（Y）选择纬度，点击"OK"，得到如图 3.24 所示的点 shp 文件。

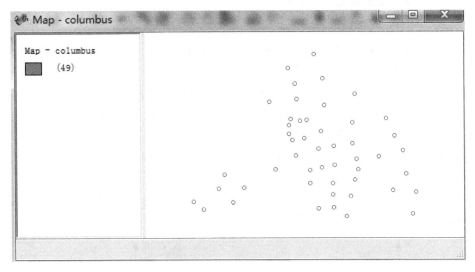

图 3.24　产生的点 shp 文件

3.4　Tool 工具菜单

可利用 GeoDa 软件主界面中的 Tool 菜单项进行若干数据处理操作。

以 sacramentot2.shp 为例，这是某市 403 个人口调查区域数据。

可在菜单中调用权重建立功能，选择 Tools→Weight→Create，或 Creat Weights 快捷栏，这可以在没打开项目的情况下执行。换句话说，要创建权重文件，并不需要载入文件。

权重创建功能产生一个对话框，需要指定相关的选项，一个文件扩展名为 GAL 的程序

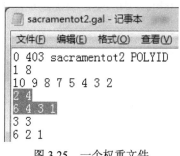

图 3.25　一个权重文件

加入到权重文件中。指定关键字变量可以确保表格中的数据与权重文件中的邻接实体能够完全匹配。该例中选择Rook（车法则）邻近权重方式。

保存的权重文件*.gal 可以用任一文本编辑器打开并修改。例如，对某市人口区域，以 POLYID 为关键字建立的 Rook 权重文件的部分内容如图 3.25 所示。第一行为该文件的头行，包括 0（将来要使用的标志）、观测点数目、邻接结构来源的多边形文件名（sacramentot2），以及关键字变量名（POLYID）。

在图 3.25 中，以图中涂黑的两行为例说明：2　4 表示第二个实体有 4 个邻居，这些邻居的关键字变量的值（POLYID）在下一行列出。相应信息会在 sacramentot2.shp 地图中的相应位置高亮显示。

3.5　Map 地图编制

空间计量的特色之一就是相关计量内容需要落实到地图上。GeoDa 能够完成的数量地图主要有四类：分位数地图（quantile map）、箱形图（box map）、百分位地图（percentile map）和标准差地图（standard deviation map）。

3.5.1　分位数地图

分位数：设连续随机变量 X 的累积分布函数为 $F(X)$，概率密度函数为 $p(X)$。那么，对任意 $0<p<1$ 的 p，称 $F(X)=p$ 的 X 为此分布的分位数，或者下侧分位数，即分位数（或点）就是随机变量 X 累积概率（或分布函数）等于$(0, 1)$内某一固定值所对应的随机变量。

简单地说，分位数指的就是连续分布函数中的一个点，这个点的一侧对应概率 p。分位数包括上侧分位数、下侧分位数和双侧分位数。

上侧分位数：对总体 X 和 $\alpha(0<\alpha<1)$ 若存在 x_α，使 $P\{X \geqslant x_\alpha\} = \alpha$，则称 x_α 为 α 的上侧分位数或上侧临界值，如图 3.26 所示。

下侧分位数：对总体 X 和 $\alpha(0<\alpha<1)$，若存在 x_α，使 $P\{X \leqslant x_\alpha\} = \alpha$，则称 x_α 为 α 的下侧分位数或下侧临界值，如图 3.27 所示。

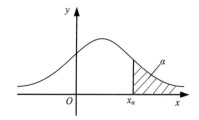

图 3.26　上侧分位数示意图

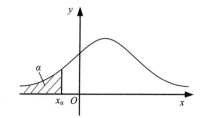

图 3.27　下侧分位数示意图

双侧分位数：当 X 的分布关于 y 轴对称时，若存在 $x_{\alpha/2}$，使 $\mathrm{P}\{|X| \leqslant x_{\alpha/2}\} = \alpha$，则称 $x_{\alpha/2}$ 为双侧分位数或双侧临界值。如图 3.28 所示。

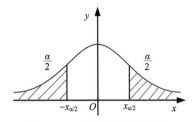

图 3.28　双侧分位数示意图

n 分位：将一个样本分布函数分布范围分为 n 等份的一系列数值点。其中，最为常见的是 4 分位数，即将概率分布均等分为 4 等份的一系列数值点，如（累积）概率分别为 25%、50%、75%时的分位数，记为 Q25、Q50、Q75；5 分位数——记为 Q20、Q40、Q60 和 Q80。

分位数地图：根据分位数来划分数量等级的地图。

案例 1：制作某市 78 个县 1984～1988 年凶杀案发生率的 5 分位数地图。

首先运行 GeoDa 软件，进入图 3.29 所示的主界面。

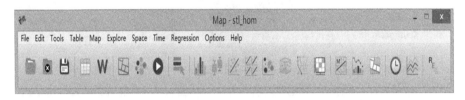

图 3.29　案例操作主界面

再调用 stl_hom 数据文件，打开如图 3.30 所示的某市 78 个县分布示意。

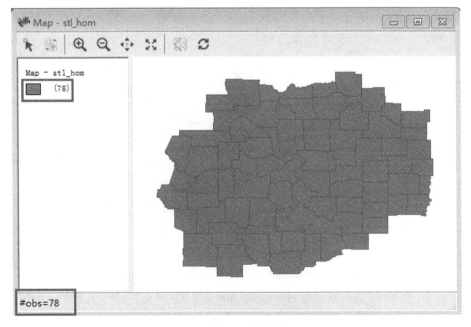

图 3.30　某市 78 个县分布示意

在主界面中选择 Map 菜单项，出现如图 3.31 所示的菜单选项。再选择 Quantile Map，并选择 5，如图 3.31 所示。

然后再对涉及的变量进行设置，如图 3.32 所示。该实例中选择 HR8488，即选择 1984～1988 年凶杀案发生率，进行 5 分位制图输出。

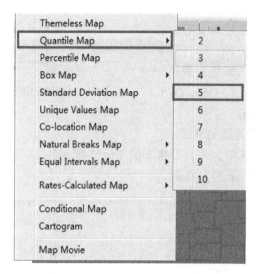
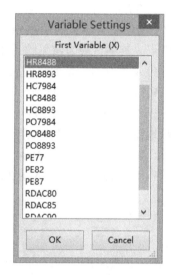

图 3.31　选择 5 分位地图选项　　　　图 3.32　对输出变量 HR8488 进行设置

5 分位制图输出的结果，即某市 78 个县 1984～1988 年凶杀案发生率 5 分位数分布示意，如图 3.33 所示。

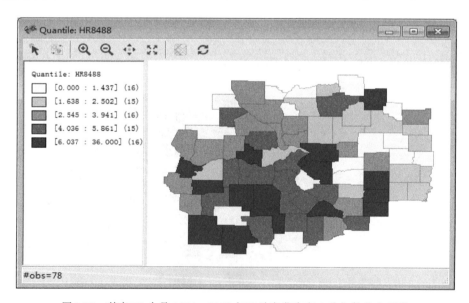

图 3.33　某市 78 个县 1984～1988 年凶杀案发生率 5 分位数分布示意

案例 2：4 分位对比图。

案例数据说明：GeoDa 样本集中的婴儿猝死综合征（sudden infant death syndrome，SIDS）数据来自 Cressie（1993）的空间数据统计学。它包含了某州的 100 个县两个年代 SIDS 死亡人数，分别表示为 SID74 和 SID79。另外也有每个州的出生人口数（BIR74，BIR79）和一个子数据集，还有非白种人出生人口数（NWBIR74，NWBIR79）。

　　首先打开 sids.shp 文件，选择 FIPSNOSNO 作为关键字，出现某州各县的底图，窗口标题为 sids。利用相关数据新建两幅 4 分位图，比较非白种人在 1974 年出生人数与 SIDS 死亡人数（NWBIR74 和 SID74）的空间分布。点击底图使其成为当前窗口（在 GeoDa 中，最后点击的窗口为当前窗口），如图 3.34 所示。

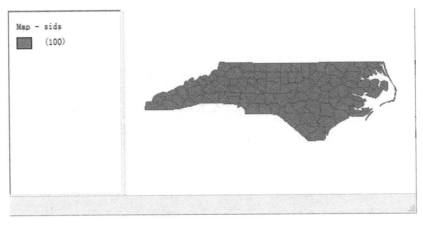

图 3.34　某州各县分布示意

　　在 Map 菜单中选择 Quantile，将会出现一个对话框，以选择制图所用的变量。在变量选择窗口，选"NWBIR74"，然后点击"OK"，然后分别输入 SID74 和 NWBIR74 生成 4 分位图。如图 3.35 所示。

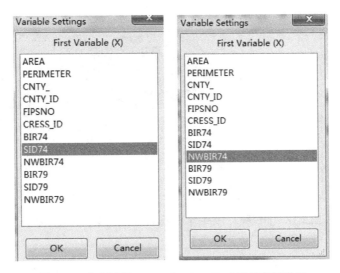

图 3.35　分别选择 SID74 和 NWBIR74 进行变量设置

　　在变量选择的对话过程中，选中对话框中的 check box，使所选变量成为默认选项。如果选中，下次就不会再要求选择变量。如果要对同一变量作几种不同类型的分析，这将会比较方便。本例中要对不同变量进行相同的分析，所以设置一个默认变量并不明智。如果不小心选中了默认选项，可以调用 Edit 菜单中的 Select Variable 来取消。

　　选择变量之后，第二个对话框将要求输入 4 分位图的分类数量：暂时保留默认值 4（4 分位图），点击 "OK"，就会出现一幅 4 分位图（4 类），如图 3.36 和图 3.37 所示。其中，图 3.36 为某州各县 1974 年 SIDS 死亡人数分布示意，图 3.37 为非白种人 1974 年出生人口数在各县的 4 分位图。

图 3.36　某州各县 1974 年 SIDS 死亡人数分布示意

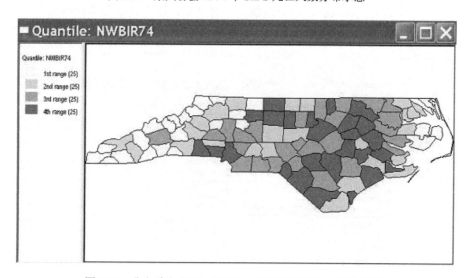

图 3.37　非白种人 1974 年出生人口数在各县的 4 分位示意

3.5.2　箱形图

　　箱形图（box map）：一种特殊的 4 分位地图，在 4 分位数地图上加上一个异常值等级，强调具有异常值的地域单位。这种地图本身与 "箱形" 没有什么关系，只是其构图思路是从箱形统计图演化而来的，故称箱形图。它尤其强调有异常值的地域单位。

　　异常值：在上边界和下边界之外的数据称为异常值。

　　一般异常值标准：

$$上界 = Q_{75} + (Q_{75} - Q_{25}) \times 1.5 \tag{3.1}$$

$$下界 = Q_{75} - (Q_{75} - Q_{25}) \times 1.5 \tag{3.2}$$

极端异常值标准：

$$上界 = Q_{75} + (Q_{75} - Q_{25}) \times 3 \tag{3.3}$$

$$下界 = Q_{75} - (Q_{75} - Q_{25}) \times 3 \tag{3.4}$$

箱形图是分位图的加强版本，其中第 1 和第 4 分位的离群值可以单独高亮显示。箱形图中的分类与箱形统计图中所用的分类是完全相同的。

箱形图显示分布的中位数、上 4 分位数和下 4 分位数（在累积分布中的第 50%、25% 和 75% 分位点），也显示离群值。当观测值位于给定的分位距（75% 和 25% 分位值之差）乘数，各自高于 75% 或低于 25%，这时称为离群值。标准乘数为 1.5 倍和 3 倍分位距。如图 3.38 所示。

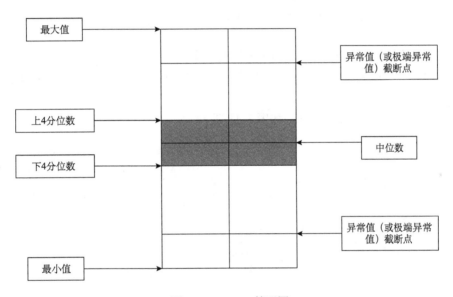

图 3.38　GeoDa 箱形图

案例 1：为 APR99PC 创建一幅箱形图。

从 Map 菜单或在地图中右键单击调用箱形图功能。在当前地图中右键单击（或先创建一幅复制底图），选择 Choropleth Map→Box Map→Hinge=1.5 显示变量选择对话框。选择 APR99PC，点击 "OK"，产生一个箱形图，如图 3.39 所示。

为确认离群值的分类，为同一变量生成一个规则箱形图，利用默认 Hinge=1.5，选择离群值，注意在箱形图中被选中的点如何准确地与箱形图中的暗红色区域相对应。另外要显示高值，地图显示可以存在空间集聚，这一点是箱形统计图做不到的。

与箱形统计图相似，在箱形图定义离群值的标准可以设为 1.5 或 3.0。为 APR99PC 创建一幅新地图，Hinge=3.0，也要在箱形统计图选项中改为此值。一旦在箱形统计图中选择离群值，可查看它们的位置。注意在此图中的离群值的空间集聚也是非常明显的。

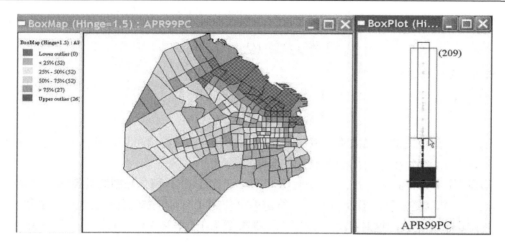

图 3.39　APR99PC 的 Hinge 为 1.5 的 APR 箱形图

案例 2：制作某市 78 个县 1984～1988 年凶杀案发生率的箱形图。

在 GeoDa 主菜单界面中选择 Map 菜单项，然后按照图 3.40 所示，选择 Box Map 菜单项，并选择 Hinge=1.5。

然后对拟输出的变量进行设置，如图 3.41 所示。

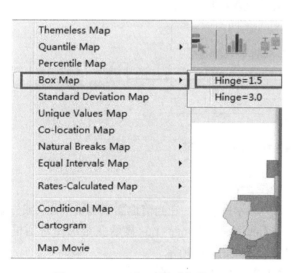

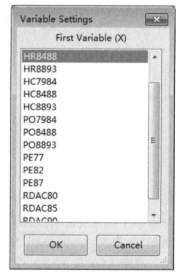

图 3.40　Hinge 为 1.5 的选择情形　　　　　　图 3.41　选择 HR8488 数据文件

绘制出的某市 78 个县 1984～1988 年凶杀案发生率箱形图如图 3.42 所示。

若选择 Hinge=3.0，则绘制出的某市 78 个县 1984～1988 年凶杀案发生率箱形图如图 3.43 所示。

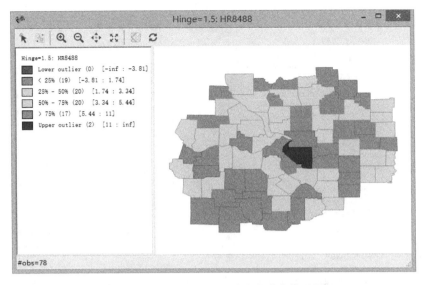

图 3.42　某市 78 个县 1984～1988 年凶杀案发生率箱形图（Hinge=1.5）

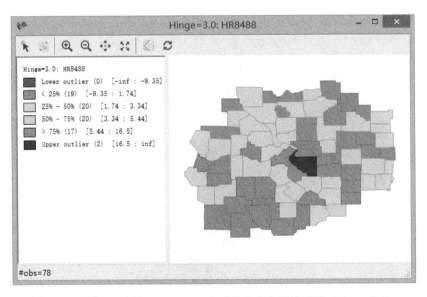

图 3.43　某市 78 个县 1984～1988 年凶杀案发生率箱形图（Hinge=3.0）

3.5.3　百分位地图

百分位地图（percentile map）：与分位数地图有所不同，其分位数是固定和不均等的。这里选择等级固定为 6。

案例 1：制作某市 78 个县 1984～1988 年凶杀案发生率的百分位地图。

在运行的 GeoDa 软件主界面中选择 Map 菜单项，出现如图 3.44 所示界面。然后选择 Percentile Map。

选择拟绘制输出的数据文件 HR8488，如图 3.45 所示。

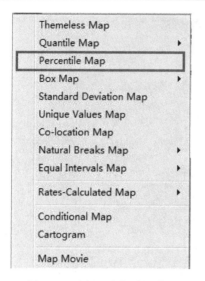

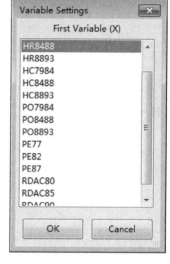

图 3.44　选择百分位地图选项　　　　　图 3.45　选择拟绘制输出的数据文件 HR8488

绘制之后的结果即为某市 78 个县 1984～1988 年凶杀案发生率百分位地图，如图 3.46 所示。

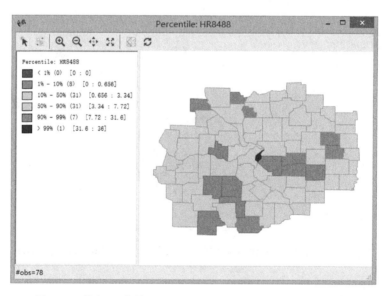

图 3.46　某市 78 个县 1984～1988 年凶杀案发生率百分位地图

案例 2：制作右党选举结果百分位图。

可使用 BUENOSAIRES 数据集演示基本制图功能。该数据集文件名为 buenosaires.shp，关键字为 INDRANO。

首先用该文件打开一个新的项目。从主菜单中选择 Map→Percentile 或在底图中右键单击调用百分位图功能。后一方法将产生菜单。这时选择 Choropleth Map→Percentile 调用变量设置对话框，或点击工具栏按钮进行操作。

选择变量 APR99PC，点击"OK"，即产生一幅示意图。如图 3.47 所示。

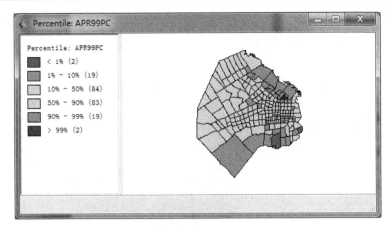

图 3.47　右党选举结果百分位示意图

图 3.47 所示的百分位图强调了非常小值（最低百分位）和非常高值（最高百分位）的重要性。注意该党的三个最高得票率是如何集中于三个小（面积）的选区。也应注意到简要分类大大简化了地图的空间模式。

3.5.4　标准差地图

标准差地图（standard deviation map）：以平均值为中心，向下划分 3 个等级，向上划分 3 个等级，包括本身等级，共 7 个等级。

例如，制作某市 78 个县 1984～1988 年凶杀案发生率的标准差地图。

在软件主菜单中选择 Map 选项，然后选择 Standard Deviation Map，如图 3.48 所示。

选择拟绘制的 HR8488 地图数据文件，如图 3.49 所示。

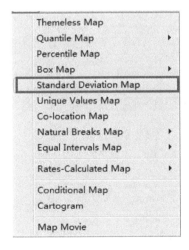

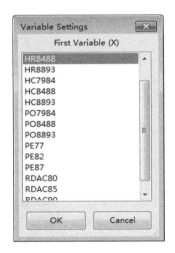

图 3.48　选择标准差地图选项　　　　　　图 3.49　选择拟绘制的 HR8488 地图数据文件

绘制的某市 78 个县 1984～1988 年凶杀案发生率标准差分布示意如图 3.50 所示。

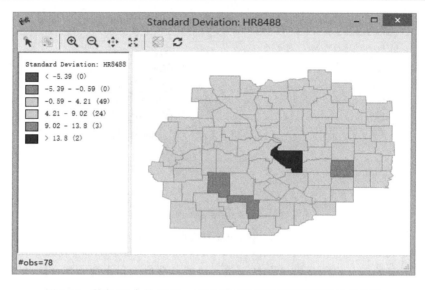

图 3.50　某市 78 个县 1984～1988 年凶杀案发生率标准差分布示意

3.5.5　动画地图

除了"静态"地图外，GeoDa 软件还提供了动画地图的功能。播放动画时，地图中的多边形会从最低值到最高值逐渐被深色的阴影所填充。

在 GeoDa 主界面菜单栏中选择 Map 菜单，然后选择 Map Movie，如图 3.51 所示。

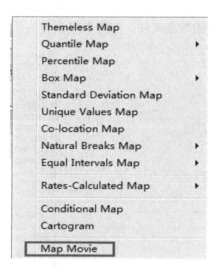

图 3.51　选择运行动画菜单项

在图 3.52 所示界面中选择拟进行动画操作的数据文件。

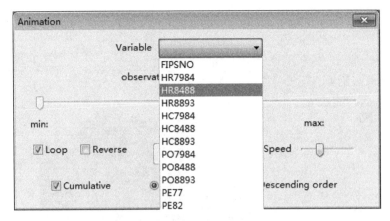

图 3.52　选择拟进行动画操作的数据文件

选定好拟进行动画输出的文件后，再设定其他动画运行参数，如图 3.53 所示。

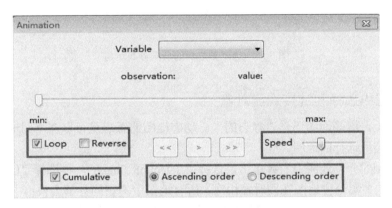

图 3.53　设定动画运行的参数

在图 3.52 中，勾选 "Loop" 复选框，使地图运行到最后形成一个环状。"Ascending order" 为升序，"Descending order" 为降序。"Speed" 滑块控制速度快慢，可从后往前移动。"Cumulative" 为勾选项，若选择就是累积显示，不选就是单个显示。选择结果如图 3.54 所示。选定参数后的显示结果如图 3.55 所示。

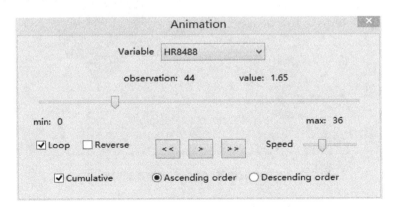

图 3.54　动画示意选定的参数界面

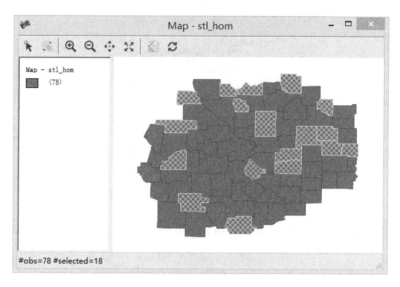

图 3.55　选定参数后的动画分布示意

3.5.6　在地图中选择和链接观测对象

到目前为止，这些地图还是"静态的"。动态地图的意思是可以在不同地图之间选择某一地图，并链接所选择的地图。

可以在绘制的分位地图中右键单击，选择"Selection Shape"，再选择"Circle"，这时会选中某些县。当多幅分位地图在同时使用时，所有地图中的相同县都会被选中。如图 3.56 和图 3.57 所示。这样可以实现地图中观测对象的选择和地图之间的相互链接。

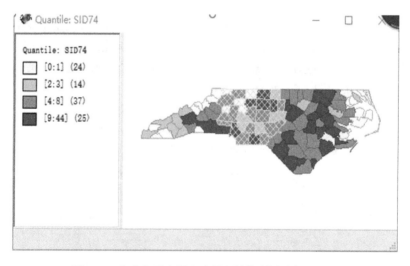

图 3.56　在分布示意图中选择和链接观测对象 SID74

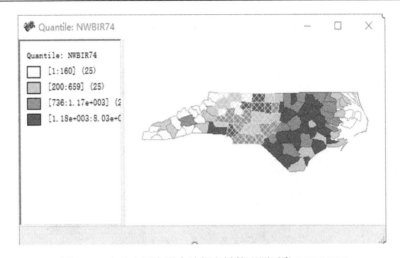

图 3.57　在分布示意图中选择和链接观测对象 NWBIR74

3.5.7　基本的比率制图

1. 原始比率地图

比率地图是一种特殊的等值线图（choropleth），有独特的界面。不像通常的变量设置对话框，从数据集中选择比率变量，需要指定危险事件及人口、比率等进行计算。

案例：用某州 88 个县肺癌数据制作比率地图，这些数据常用于有关疾病制图及空间分析。

首先载入 ohlung.shp 样本数据集，关键字为 FIPSNO。需要从菜单 Map→Smooth→Raw Rate 选择这一功能，或者在窗口中右键单击底图，选择 Smooth→Raw Rate 选项。现在还没有相应的工具按钮来制作比率地图。

出现 Rate Smoothing 对话框，带有候选事件变量和候选基础（Base）变量，选择 LFW68（1968 年白人女性死亡总人数肺癌）作为事件，POPFW68（1968 年白人女性人口总数）作为危险的人口。然后再确定从下拉列表中选择合适的地图类型，默认为百分位地图，但在本例中并不适用（数据只有 88 个，少于有意义的百分位地图所要求的 100）。可以选择箱形图，Hinge 设为 1.5。点击"OK"会产生右边面板显示的箱形图。

在图 3.58 中有 3 个县由于高死亡率位于高的离群值，但是，由于比率的内在差异不稳定性，这种情况有可能是一种假象。

2. 过度风险地图

在公共健康分析中常使用的是标准死亡率（standardized mortality ratio, SMR）的概念，或死亡率与一个国家（或地区）标准的比值。标准比率可以用于任何类型的分析图表或地图。GeoDa 以过度风险（Excess Risk）地图作为 Map→Smooth 功能的一部分。

过度风险地图是观测比率与所有数据计算的平均比率的比值。注意这一平均值并不是某个县比率的平均值，相反，它是所有事件与所有危险人口总数的比，如在第 1 小节例子中，所有白人女性死亡人数与所有白人女性人口总数的比。

从 Map 菜单可选择 Excess Risk 功能，或在任一地图右键单击选择 Smooth→Excess Risk。在变量选择对话框中，以 LFW68 作为事件，以 POPFW68 作为基数。地图中的图例分类为硬编码，用蓝色调表示风险程度低于平均值（过度风险比＜1），红色调表示风险程度高于平均值（过度风险比＞1）。

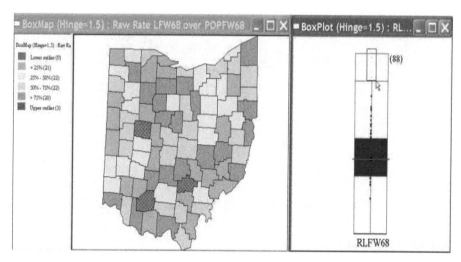

图 3.58　1968 年某州白人女性肺癌死亡人数箱形图

　　这种地图的图例类型是硬编码，正常的地图选项是可能忽略的。为创建一幅熟悉的过度风险比率（或标准死亡率）地图类型，必须首先将计算的比率添加到数据表中。在地图中右键点击，选择 Save Rates。但是，在这一次绘制过度风险地图时，提示的新变量名为 R_Excess。点击"OK"，添加过度风险比率即可。得到的过度风险比率箱形分布示意图如图 3.59 所示（图中三个离群值的过度风险比率为 2～4）。

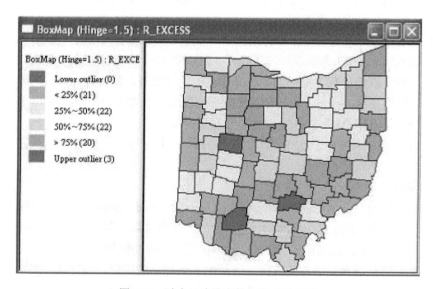

图 3.59　过度风险比率箱形分布示意图

3.6　Methods（空间自回归）

在利用 Methods 菜单分析不同变量之间的相互关系时，需要在经典回归模型中加入自相关因素，这种加入空间自相关因素的回归模型就是空间自回归模型。空间自回归就是在因变量中包括因变量为地域单元的值。

3.6.1　空间自回归模型

1988 年，安塞林提出了空间自回归模型的一般形式：

$$Y = \rho W_1 Y + X\beta + \xi$$
$$\xi = \lambda W_2 \xi + \varepsilon \qquad\qquad (3.5)$$
$$\varepsilon \sim N(0,\ \sigma^2 I_n)$$

其中，Y 为 $n\times 1$ 维（因变量）向量；X 为 $n\times k$ 维（自变量）矩阵；W_1 为 $n\times n$ 维（因变量）空间权重矩阵；W_2 为 $n\times n$ 维（残差）空间权重矩阵；ξ 为 $n\times 1$ 维（残差）向量；ε 为 $n\times 1$ 维（白噪声）向量；I_n 为 n 维单位矩阵；β 为 $k\times 1$ 维（自变量）系数；ρ 为空间相关系数；λ 为残差相关系数；σ 为 ε 的方差。

1. 一阶空间自回归模型

当 $\rho \neq 0$，$\beta = \lambda = 0$ 时，模型为一阶空间自回归模型：

$$Y = \rho W_1 Y + \varepsilon$$
$$\varepsilon \sim N(0,\ \sigma^2 I_n) \qquad\qquad (3.6)$$

求解得到的空间相关系数 ρ 就是全局 Moran's Ⅰ指数。

2. 空间滞后模型

当 $\rho \neq 0$，$\beta \neq 0$，$\lambda = 0$ 时，模型为空间滞后模型：

$$Y = \rho W_1 Y + X\beta + \varepsilon$$
$$\varepsilon \sim N(0,\ \sigma^2 I_n) \qquad\qquad (3.7)$$

滞后是指某一地域单元的一种变量，通过反馈效应与周围地区相同的变量产生相互影响。

3. 空间误差模型

当 $\rho = 0$，$\beta \neq 0$，$\lambda = 0$ 时，模型为空间误差模型：

$$Y = X\beta + \xi$$
$$\xi = \lambda W_2 \xi + \varepsilon \qquad\qquad (3.8)$$
$$\varepsilon \sim N(0,\ \sigma^2 I_n)$$

注：由于在空间自回归模型中，用最小二乘估计系数不能实现"无偏估计"，空间自回归模型通常使用极大似然估计法确定系数。

3.6.2　Methods 空间回归操作

GeoDa 某些版本的 Methods 下只有一种方法，即回归（Regression）。软件使用了三种不同的回归模式，分别是以最小二乘法为基础的经典的线性插值方法（Classic）、以最大似然法为基础的空间滞后（Spatial Lag）模型和空间误差（Spatial Error）模型。回归分析的具体操作界面如图 3.60 所示。

打开 columbus.shp 样本数据，点击 Methods→Regression，弹出对话框。首先介绍最基本的 Classic 的操作，其中左侧 Variables 为变量选择列表，右侧 Dependent Variable 为因变量，可新建变量将预测值和残差添加进属性表中。Covariates 为控制变量列表，即协变量列表。在 Models 选项处可以选择需要的回归模型。

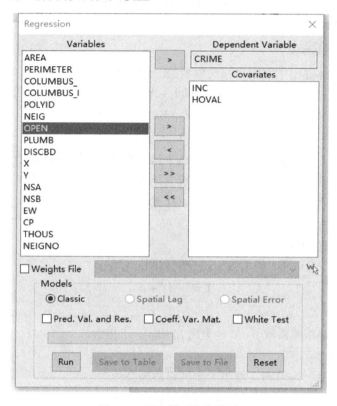

图 3.60　回归模型操作界面

在图 3.60 的对话框中选择 CRIME 作为因变量，INC 和 HOVAL 作为协变量。

经典的回归模型只需要规定参与模型的自变量和因变量即可。在图 3.60 中，模型 Models 下面的复选框可以在回归模型输出不同的参数结果。第一项输出预测值和残差；第二项输出回归系数的系数矩阵；第三项是怀特检验，检验回归方程是否具有异方差性。

如果将预测值及/或残差添加到数据表中，不要先点击"Run"按钮，而需要点击"Save"，保存到表文件中，如图 3.61 所示。

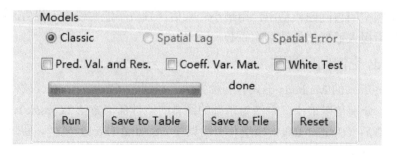

图 3.61　保存输出的参数结果

这时会产生一个对话框，要求指定残差及/或预测值的变量名。编辑要加入的预测值和残差的变量名，再点击"OK"，就可以保存了。如图 3.62 所示。

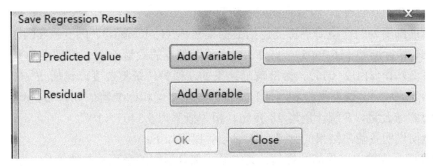

图 3.62　指定预测值和残差的变量名

在选定上述参数后，就可进行回归分析。可以将回归分析得到的预测值和残差添加到图层的属性表中，如图 3.63 和图 3.64 所示。

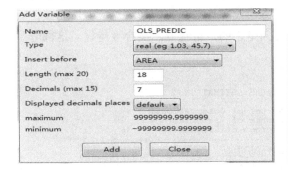

	OLS_RESIDU	OLS_PREDIC	AREA
1	0.3465	15.3794	0.309441
2	-3.6948	22.4966	0.259329
3	-5.2874	35.9142	0.192468
4	-19.9855	52.3733	0.083841
5	6.4475	44.2840	0.488888
6	-9.0735	35.1401	0.283079

图 3.63　向属性表添加预测值　　　　　图 3.64　向属性表添加残差

最后点击"Run"按钮，就会出现运行结果。如图 3.65 所示。

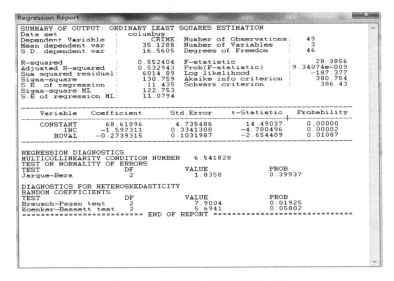

图 3.65　空间回归模型的输出结果

　　空间回归模型的整体运行结果，简要说明如下：窗口的顶部包括一些模型的简要特征及契合度（measures of fit）。接着是一个变量名的列表，包括相关系数估计、标准差、T 统计和概率（拒绝 $\beta=0$ 的 0 假设）。然后是模型诊断列表。

　　在窗口顶部所列的模型简要特征包括数据集名称（Columbus）、因变量（CRIME）、平均值（35.1288）和标准差（16.5605）。另外，列出了观测点的数量（49）、模型中的变量个数（包括常数项值 3）和自由度（46）。标准输出结果的左栏为传统契合度，包括 R^2（0.552404）、调整 R^2（0.532943）、残差平方和（6014.89）、残差方差和标准差估计。右栏列出的是关于Null 假设的 F 统计量，F 统计量为 28.3856、相关概率为 9.3407×10^{-9}。

　　为了透彻说明各输出结果的含义，详细分解说明如下：

　　图 3.66 所示为输出结果的特征值。其中第一部分返回的是相关的统计量。左上部分包括因变量、均值和标准差；右上部分返回了样本个数，包括常数项在内的变量的个数和自由度。第二部分则是该回归模型的拟合程度。左下部分主要返回的是回归模型的 R^2 和调整 R^2，在自变量系数大于两个时，可以用调整 R^2 来考量模型的拟合效果。而右下方返回的是 F 统计量的值，和三个"量"，分别是对数似然值、Akaike 信息标准和 Schwarz 标准，用以描述空间回归模型的契合度。这三个量是基于多变量正态假设和标准回归模型的对应似然功能，对数似然值越高，契合度越好。对于信息标准，方向是正的，量越低，契合度越好。这部分主要用于空间滞后模型和空间误差模型的检验。

```
SUMMARY OF OUTPUT: ORDINARY LEAST SQUARES ESTIMATION
Data set           : columbus
Dependent Variable :       CRIME    Number of Observations:     49
Mean dependent var :     35.1288    Number of Variables   :      3
S.D. dependent var :     16.5605    Degrees of Freedom    :     46

R-squared             :    0.552404    F-statistic           :      28.3856
Adjusted R-squared    :    0.532943    Prob(F-statistic)     :9.34074e-009
Sum squared residual:      6014.89    Log likelihood        :     -187.377
Sigma-square          :     130.759    Akaike info criterion :      380.754
S.E. of regression    :      11.435    Schwarz criterion     :       386.43
Sigma-square ML       :     122.753
S.E of regression ML:      11.0794
```

图 3.66　输出结果的特征量

　　图 3.67 返回的是该回归模型的各自变量的系数和常数项，以及每项对应的 T 检验的值。根据这项返回值，可以写出这个回归模型的回归方程。

```
--------------------------------------------------------------------------
   Variable    Coefficient      Std.Error      t-Statistic    Probability
--------------------------------------------------------------------------
   CONSTANT       68.61896       4.735486         14.49037       0.00000
        INC      -1.597311       0.3341308        -4.780496      0.00002
      HOVAL      -0.2739315      0.1031987        -2.654409      0.01087
--------------------------------------------------------------------------
```

图 3.67　回归模型的系数常数项及每项对应的 T 检验的值

　　图 3.68 是回归模型的诊断结果，包括多重共线性的条件数、Jarque-Bera（JB）诊断、Breusch-Pagan（BP）诊断和 Koenker-Bassett（KB）诊断。如果在计算回归模型之前勾选"White Test"选项，则同时返回怀特检验的结果。图 3.68 的最后一项即为怀特检验的结果返回值。

```
REGRESSION DIAGNOSTICS
MULTICOLLINEARITY CONDITION NUMBER   6.541828
TEST ON NORMALITY OF ERRORS
TEST                      DF          VALUE          PROB
Jarque-Bera               2           1.8358         0.39937

DIAGNOSTICS FOR HETEROSKEDASTICITY
RANDOM COEFFICIENTS
TEST                      DF          VALUE          PROB
Breusch-Pagan test        2           7.9004         0.01925
Koenker-Bassett test      2           5.6941         0.05802
SPECIFICATION ROBUST TEST
TEST                      DF          VALUE          PROB
White                     5           19.9460        0.00128
```

图 3.68　回归模型的诊断结果

　　首先看多重共线性数目。它在本质上不是一个检验统计量，但是由于多重共线性，它显示回归结果稳定性问题的诊断（解释变量相互关系很强，提供不充分的独立信息）；JB 检验参数用于检验误差的正态性，在本例中，JB 检验的结果显示回归模型的正态性并不理想；后面三个检验参数是探测异方差性常使用的三个检验。其中 BP 检验和 KB 检验作为非常数误差的检验来执行，它是假设异方差性的特定功能形式。

　　输出的残差和预测值还可以通过图的形式来分析它的分布情况。主要操作可参照 4 分位图。

　　空间回归模型返回的 R^2 是一个伪 R^2 值，这个值并不能很好地反映模型拟合优度。空间回归模型的拟合优度要用似然（likelihood）来考量。另外，在空间回归模型的诊断结果中，最大似然度的检验代替了经典回归模型中的怀特检验，其原因是不同的回归模型用到的原理是不同的。

　　可以利用同样的操作来创建不同的空间滞后模型和空间误差模型。与经典回归模型不同的是，空间滞后模型和空间误差模型在创建之前需要对图层根据相邻关系创建权重，因为空间滞后模型和空间误差模型均是基于最大似然法。这两种模型各自运行的结果如图 3.69 和图 3.70 所示。

图 3.69　空间滞后模型的运行结果　　　　　　　图 3.70　空间误差模型的运行结果

3.7　Table 数据表格处理

打开 GeoDa 主窗口，选择 Open Data 快捷键，打开数据表格。这里以 sids.dbf 为例。该数据文件是某州 100 个县 1974 年和 1979 年 SIDS 的死亡人数。

3.7.1　表格的排序

表格最初的显示方式仅反映了文件中观测对象的顺序。要根据某一变量的观测对象进行排序，在相应变量列的顶部双击。这是一个套索形状：排序顺序在升序排列、降序排列之间转换。一个小的三角形出现在变量名的后面，顶点向上为升序排列，顶点向下为降序排列。以第一列中观测对象编码排序即取消排序。例如，双击"BIR74"（1974 年白人婴儿出生率）这一列的顶部，即生成升序的排列，如图 3.71 所示。

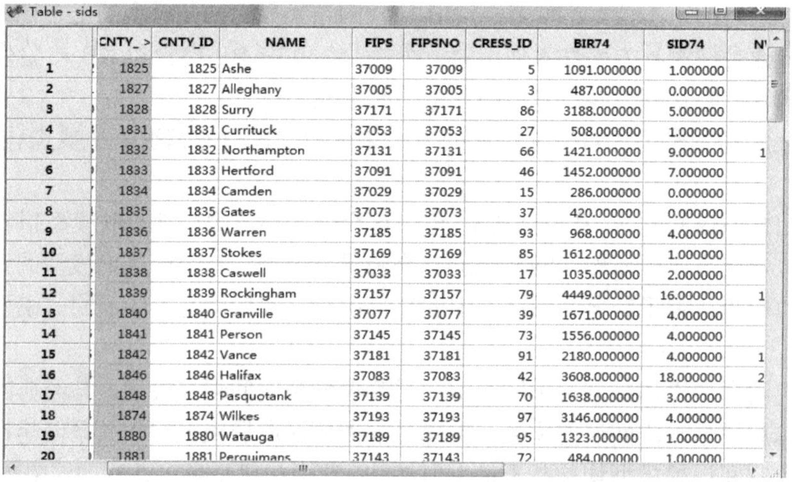

图 3.71　某州 100 个县 1974 年和 1979 年的 SIDS 文件

为了更容易识别被选中的地区（如查看被选中县的名字），可以利用 Table 菜单中的 Move Selected to Top，也可以通过 Table 下拉菜单来调用该命令（可在表格中任意位置右键单击），被选的项目即出现在表格顶部。

同时，可以在地图窗口中地图区域外（窗口中的白色部分）任意位置点击取消选择，或从菜单中选择 Clear Selection，即取消选择。

3.7.2　表的查询

GeoDa 可以进行有限数量的查询，主要适合于选择有特殊值或在某些值之间的对象。可以根据某一变量（只能为一个变量）的变化范围，建立一个逻辑表达式来选择对象。

可在表格快捷键中右键单击，或在下拉菜单中选择 Selection Tool（或利用菜单栏中 Table→Selection Tool）。

案例 1：要查找某州 1979 年出生人口大于等于 1000 且小于 2000 的县，在左侧文本框中输入 1000，选择变量为 BIR79，在右文本框中输入 2000.1，因为这一范围包括左侧而不包括右侧（$1000 \leqslant x \leqslant 2000.1$）。点击"Select All In Range"进行查询。如图 3.72 所示。

　　表格中被选中的行将会被高亮显示。可以利用"Move Selected to Top"命令使得选中行全部集中到顶端。

　　案例 2：查询出生人口 BIR74 小于等于 500 的县的数据表，如图 3.73 所示。

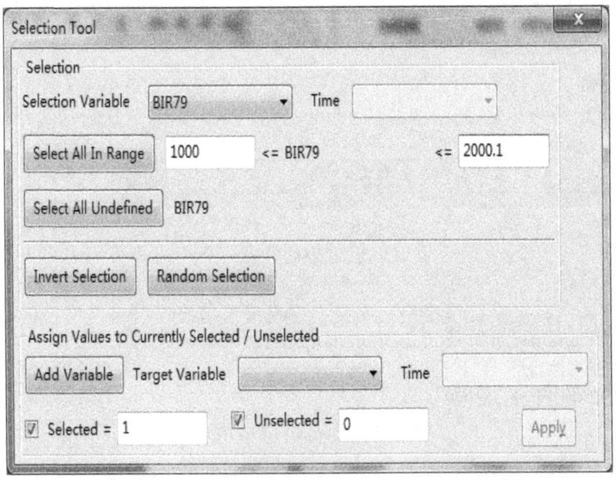

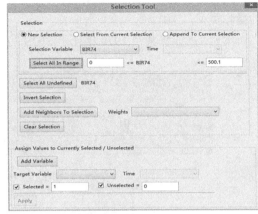

图 3.72　查找某州 1979 年出生人口大于等于 1000 且　　　图 3.73　查询某州出生人口 BIR74 小于等于 500
　　　　　　小于 2000 的县　　　　　　　　　　　　　　　　　　　　　的县的数据表

　　查询出生人口 BIR74 小于等于 500 的县的数据表，输出结果为在图 3.74 中高亮显示的内容。

	NEW_VAR	AREA	PERIMETER	CNTY_	CNTY_ID	NAME	FIPS	FIPSNO	CRESS_ID	BIR74	SID74	NWBIR74	BIR79	SID79	NWBIR79
2	0.000000	0.061000	1.231000	1827	1827	Alleghany	37005	37005	3	487.000000	0.000000	10.000000	542.000000	3.000000	12.000000
7	0.000000	0.062000	1.547000	1834	1834	Camden	37029	37029	15	286.000000	0.000000	115.000000	350.000000	2.000000	139.000000
8	0.000000	0.091000	1.284000	1835	1835	Gates	37073	37073	37	420.000000	0.000000	254.000000	594.000000	2.000000	371.000000
20	0.000000	0.063000	1.000000	1881	1881	Perquimans	37143	37143	72	484.000000	1.000000	230.000000	676.000000	0.000000	310.000000
45	0.000000	0.099000	1.411000	1963	1963	Tyrrell	37177	37177	89	248.000000	0.000000	116.000000	319.000000	0.000000	141.000000
73	0.000000	0.078000	1.202000	2056	2056	Graham	37075	37075	38	415.000000	0.000000	40.000000	488.000000	1.000000	45.000000
87	0.000000	0.167000	2.709000	2099	2099	Hyde	37095	37095	48	338.000000	0.000000	134.000000	427.000000	0.000000	169.000000
90	0.000000	0.051000	1.096000	2109	2109	Clay	37043	37043	22	284.000000	0.000000	1.000000	419.000000	0.000000	5.000000
1	0.000000	0.114000	1.442000	1825	1825	Ashe	37009	37009	5	1091.000000	1.000000	10.000000	1364.000000	0.000000	19.000000
3	0.000000	0.143000	1.630000	1828	1828	Surry	37171	37171	86	3188.000000	5.000000	208.000000	3616.000000	6.000000	260.000000
4	0.000000	0.070000	2.968000	1831	1831	Currituck	37053	37053	27	508.000000	1.000000	123.000000	830.000000	2.000000	145.000000
5	0.000000	0.153000	2.206000	1832	1832	Northampton	37131	37131	66	1421.000000	9.000000	1066.000000	1606.000000	3.000000	1197.000000
6	0.000000	0.097000	1.670000	1833	1833	Hertford	37091	37091	46	1452.000000	7.000000	954.000000	1838.000000	5.000000	1237.000000
9	0.000000	0.118000	1.421000	1836	1836	Warren	37185	37185	93	968.000000	4.000000	748.000000	1190.000000	2.000000	844.000000
10	0.000000	0.124000	1.428000	1837	1837	Stokes	37169	37169	85	1612.000000	1.000000	160.000000	2038.000000	5.000000	176.000000
11	0.000000	0.114000	1.352000	1838	1838	Caswell	37033	37033	17	1035.000000	2.000000	550.000000	1253.000000	2.000000	597.000000
12	0.000000	0.153000	1.616000	1839	1839	Rockingham	37157	37157	79	4449.000000	16.000000	1243.000000	5386.000000	5.000000	1369.000000
13	0.000000	0.143000	1.663000	1840	1840	Granville	37077	37077	39	1671.000000	4.000000	930.000000	2074.000000	4.000000	1058.000000
14	0.000000	0.109000	1.325000	1841	1841	Person	37145	37145	73	1556.000000	4.000000	613.000000	1790.000000	4.000000	650.000000
15	0.000000	0.072000	1.085000	1842	1842	Vance	37181	37181	91	2180.000000	4.000000	1179.000000	2753.000000	6.000000	1492.000000

#obs=100 #selected=8

图 3.74　查询出生人口 BIR74 小于等于 500 的县的输出结果

3.7.3　表的简单计算

GeoDa 的表格中包含了一些有限的计算功能，所以有添加新的变量、删除现有变量，以及变量的转换等功能。从下拉菜单（或右击表格快捷键）中选择 Variable Calculation 打开窗口，或者从主菜单 Table 中选择 Variable Calculation。计算器顶部有标签，可以选择希望执行的操作类型。

案例 1：计算某州 1979 年死于 SIDS 的比率。

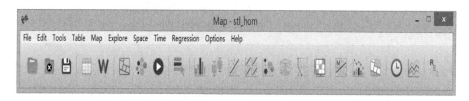

图 3.75　GeoDa 软件主菜单

在图 3.75 所示的主菜单界面中，在 Methods 菜单中选择 Raw Rate，出现如图 3.76 所示的选项卡界面。

在图 3.76 中的 Result 菜单选项中，在 Add Variable 新建变量 SIDR79，最后在 Event Variable 下拉菜单中选择 SID79（1979 年死于 SIDS 人口数），在 Base Variable 菜单中选择 BIR79（1979 年出生人口数）。

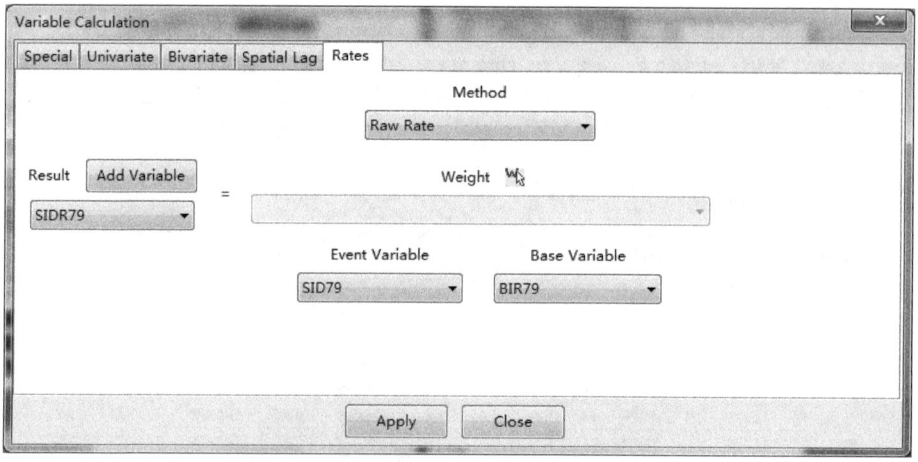

图 3.76　为计算比率 SIDR79 选择各个参量

确定计算比率的各个参量之后，可点击"Apply"按钮，输出计算结果。

案例 2：新建一个属性。

sids.shp 文件只包含了出生人口和死亡人口的数字，但没有比值。要新建一个属性，只需要在表格上右击选择 Add Variable，输入要新建的属性名 SIDR74，表示死于 SIDS 的比率，如图 3.77 所示。

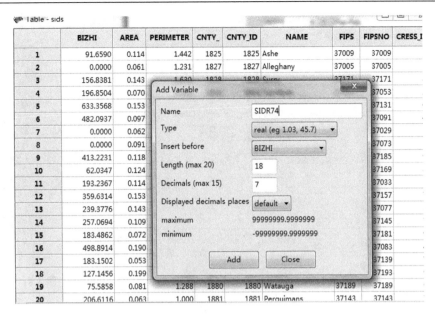

图 3.77　新建属性 SIDR74

在数据表部分，右键单击选择 Variable Calculation，再选择 Rates 选项卡，输入比率计算的各个参数，如图 3.78 所示。

在图 3.78 中，点击"Apply"按钮，计算结果如图 3.79 所示。

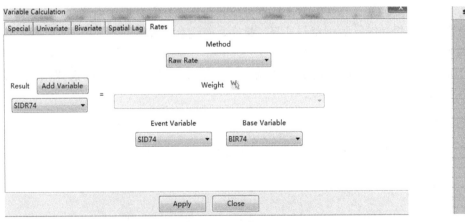

图 3.78　为计算比率 SIDR74 设置各个参量　　　　图 3.79　比率 SIDR74
　　　　　　　　　　　　　　　　　　　　　　　　　输出的结果

得到结果之后，还可以对该计算结果进行处理，可以转换成每十万人口的比例，即
SIDR74×100000，步骤如下：

右键单击图 3.79 的数据表，选择 Variable Calculation，再选择 Bivariate，然后输入参数。
如图 3.80 所示。点击"Apply"按钮，可得到新的计算结果，如图 3.81 所示。

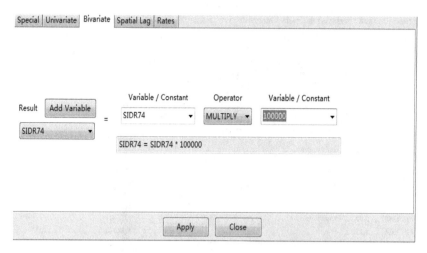

图 3.80　把 SID74 转换成每十万人口的比例

SIDR74
91.6590
0.0000
156.8381
196.8504
633.3568
482.0937
0.0000
0.0000
413.2231
62.0347
193.2367
359.6314
239.3776
257.0694
183.4862
498.8914
183.1502
127.1456
75.5858

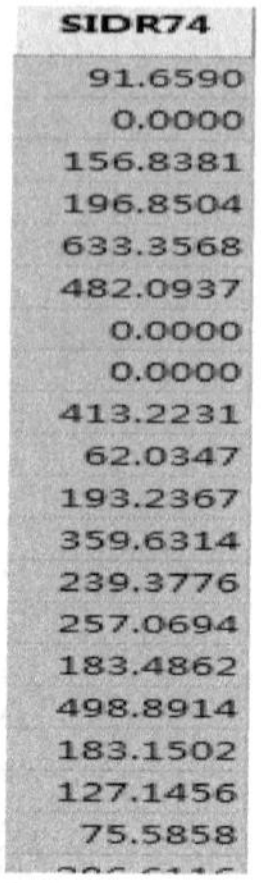

图 3.81　新的计算结果

需要特别说明的是，得到的结果只是暂时的，可以被删除，需要通过另存才能保存新的结果。

3.7.4　数据文件的处理

GeoDa 的文件不仅包含地图的内容，也包含数据表的内容。数据库格式是 dbf。GeoDa 表格的数据处理远没有其他统计软件方便，特别是从其他文件导入数据相当麻烦。GeoDa 具有基本的数据处理和编辑功能，如浏览与选择、排序、查询、计算等。

1. 浏览与选择

对某州 100 个县婴儿出生和死亡情况数据表进行地图浏览和属性数据选择操作，如图 3.82 和图 3.83 所示。

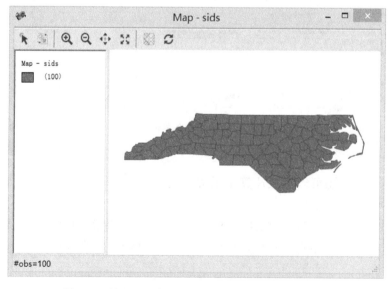

图 3.82　某州 100 个县婴儿出生和死亡情况分布示意

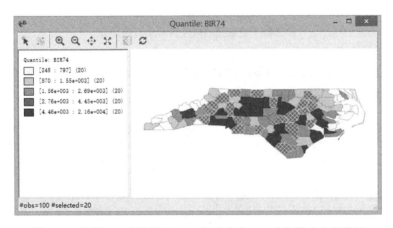

图 3.83　某州 100 个县婴儿出生和死亡情况的数据表

基于图 3.82 的地图和图 3.83 的数据表，可以建立某州 100 个县婴儿 1974 年出生人口 5 分位地图，如图 3.84 所示。

图 3.84　某州 100 个县婴儿 1974 年出生人口 5 分位数分布示意图

对于根据选择条件已选择的县，如图 3.85 所示，可以再进行如下的相关选择操作。

图 3.85　被选中的县

在 GeoDa 软件的主界面,选择 Table→Move Selected to Top,可把选择的属性移动到表的顶部,如图 3.86 所示。

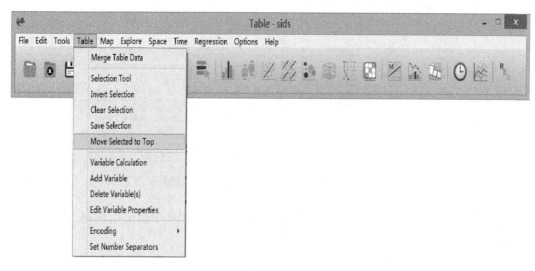

图 3.86　把选择的属性移动到表的顶部

也可以直接在属性表中,右键单击"Move Selected to Top"菜单项,把选择的属性数据移动到表的顶部,如图 3.87 所示。

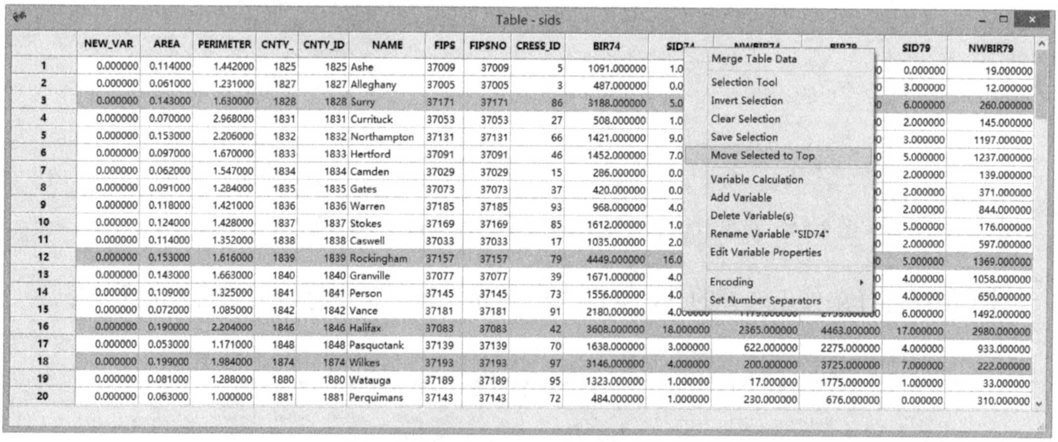

图 3.87　在属性表中把选择的属性数据移动到的表顶部的菜单情况

执行以上两种方式的操作之后,选中的数据行将被提升,实现了把选择的数据行移动到表的顶部,结果如图 3.88 所示。

对于已选的数据行中的内容,可以利用 Invert Selection 菜单项实现反选,如图 3.89 所示。

	NEW_VAR	AREA	PERIMETER	CNTY_	CNTY_ID	NAME	FIPS	FIPSNO	CRESS_ID	BIR74	SID74	NWBIR74	BIR79	SID79	NWBIR79
3	0.000000	0.143000	1.630000	1828	1828	Surry	37171	37171	86	3188.000000	5.000000	208.000000	3616.000000	6.000000	260.000000
12	0.000000	0.153000	1.616000	1839	1839	Rockingham	37157	37157	79	4449.000000	16.000000	1243.000000	5386.000000	5.000000	1369.000000
16	0.000000	0.190000	2.204000	1846	1846	Halifax	37083	37083	42	3608.000000	18.000000	2365.000000	4463.000000	17.000000	2980.000000
18	0.000000	0.199000	1.984000	1874	1874	Wilkes	37193	37193	97	3146.000000	4.000000	200.000000	3725.000000	7.000000	222.000000
29	0.000000	0.104000	1.294000	1907	1907	Orange	37135	37135	68	3164.000000	4.000000	776.000000	4478.000000	6.000000	1086.000000
31	0.000000	0.142000	1.640000	1913	1913	Nash	37127	37127	64	4021.000000	8.000000	1851.000000	5189.000000	7.000000	2274.000000
33	0.000000	0.131000	1.521000	1928	1928	Edgecombe	37065	37065	33	3657.000000	10.000000	2186.000000	4359.000000	9.000000	2696.000000
34	0.000000	0.122000	1.516000	1932	1932	Caldwell	37027	37027	14	3609.000000	6.000000	309.000000	4249.000000	9.000000	360.000000
39	0.000000	0.155000	1.781000	1947	1947	Iredell	37097	37097	49	4139.000000	4.000000	1144.000000	5400.000000	5.000000	1305.000000
43	0.000000	0.134000	1.755000	1958	1958	Burke	37023	37023	12	3573.000000	5.000000	326.000000	4314.000000	15.000000	407.000000
49	0.000000	0.094000	1.307000	1979	1979	Wilson	37195	37195	98	3702.000000	11.000000	1827.000000	4706.000000	13.000000	2330.000000
54	0.000000	0.207000	1.851000	1989	1989	Johnston	37101	37101	51	3999.000000	6.000000	1165.000000	4780.000000	13.000000	1349.000000
61	0.000000	0.146000	1.778000	2027	2027	Rutherford	37161	37161	81	2992.000000	12.000000	495.000000	3543.000000	8.000000	576.000000
63	0.000000	0.154000	1.680000	2030	2030	Harnett	37085	37085	43	3776.000000	6.000000	1051.000000	4789.000000	10.000000	1453.000000
69	0.000000	0.091000	1.321000	2042	2042	Cabarrus	37025	37025	13	4099.000000	3.000000	856.000000	5669.000000	20.000000	1203.000000
74	0.000000	0.104000	1.548000	2065	2065	Lenoir	37107	37107	54	3589.000000	10.000000	1826.000000	4225.000000	14.000000	2047.000000
79	0.000000	0.241000	2.214000	2083	2083	Sampson	37163	37163	82	3025.000000	4.000000	1396.000000	3447.000000	4.000000	1524.000000
84	0.000000	0.163000	1.716000	2095	2095	Union	37179	37179	90	3915.000000	4.000000	1034.000000	5273.000000	9.000000	1348.000000
89	0.000000	0.121000	1.855000	2107	2107	Richmond	37153	37153	77	2756.000000	4.000000	1043.000000	3108.000000	7.000000	1218.000000
98	0.000000	0.240000	2.365000	2232	2232	Columbus	37047	37047	24	3350.000000	15.000000	1431.000000	4144.000000	17.000000	1832.000000
1	0.000000	0.114000	1.442000	1825	1825	Ashe	37009	37009	5	1091.000000	1.000000	10.000000	1364.000000	0.000000	19.000000
2	0.000000	0.061000	1.231000	1827	1827	Alleghany	37005	37005	3	487.000000	0.000000	10.000000	542.000000	3.000000	12.000000
4	0.000000	0.070000	2.968000	1831	1831	Currituck	37053	37053	27	508.000000	1.000000	123.000000	830.000000	2.000000	145.000000
5	0.000000	0.153000	2.206000	1832	1832	Northampton	37131	37131	66	1421.000000	9.000000	1066.000000	1606.000000	3.000000	1197.000000
6	0.000000	0.097000	1.670000	1833	1833	Hertford	37091	37091	46	1452.000000	7.000000	954.000000	1838.000000	5.000000	1237.000000
7	0.000000	0.062000	1.547000	1834	1834	Camden	37029	37029	15	286.000000	0.000000	115.000000	350.000000	2.000000	139.000000
8	0.000000	0.091000	1.284000	1835	1835	Gates	37073	37073	37	420.000000	0.000000	254.000000	594.000000	2.000000	371.000000
9	0.000000	0.118000	1.421000	1836	1836	Warren	37185	37185	93	968.000000	4.000000	748.000000	1190.000000	2.000000	844.000000
10	0.000000	0.124000	1.428000	1837	1837	Stokes	37169	37169	85	1612.000000	1.000000	160.000000	2038.000000	5.000000	176.000000
11	0.000000	0.114000	1.352000	1838	1838	Caswell	37033	37033	17	1035.000000	2.000000	550.000000	1253.000000	2.000000	597.000000

\#obs=100 #selected=20

图 3.88　把选择的数据行移动到表顶部的结果

Merge Table Data
Selection Tool
Invert Selection　　反选
Clear Selection
Save Selection
Move Selected to Top
Variable Calculation
Add Variable
Delete Variable(s)
Edit Variable Properties
Encoding　　　　　▶
Set Number Separators

图 3.89　选择 Invert Selection 菜单项

对于图 3.88 数据表中的数据，实现反选的结果如图 3.90 所示。

也可以选择 Clear Selection 菜单项，取消所做的数据选择，如图 3.91 所示。

对图 3.90 中反选的数据，做取消选择处理之后，可得到如图 3.92 所示的结果。

	NEW_VAR	AREA	PERIMETER	CNTY_	CNTY_ID	NAME	FIPS	FIPSNO	CRESS_ID	BIR74	SID74	NWBIR74	BIR79	SID79	NWBIR79
3	0.000000	0.143000	1.630000	1828	1828	Surry	37171	37171	86	3188.000000	5.000000	208.000000	3616.000000	6.000000	260.000000
12	0.000000	0.153000	1.616000	1839	1839	Rockingham	37157	37157	79	4449.000000	16.000000	1243.000000	5386.000000	5.000000	1369.000000
16	0.000000	0.190000	2.204000	1846	1846	Halifax	37083	37083	42	3608.000000	18.000000	2365.000000	4463.000000	17.000000	2980.000000
18	0.000000	0.199000	1.984000	1874	1874	Wilkes	37193	37193	97	3146.000000	4.000000	200.000000	3725.000000	7.000000	222.000000
29	0.000000	0.104000	1.294000	1907	1907	Orange	37135	37135	68	3164.000000	4.000000	776.000000	4478.000000	6.000000	1086.000000
31	0.000000	0.142000	1.640000	1913	1913	Nash	37127	37127	64	4021.000000	8.000000	1851.000000	5189.000000	7.000000	2274.000000
33	0.000000	0.131000	1.521000	1928	1928	Edgecombe	37065	37065	33	3657.000000	10.000000	2186.000000	4359.000000	9.000000	2696.000000
34	0.000000	0.122000	1.516000	1932	1932	Caldwell	37027	37027	14	3609.000000	6.000000	309.000000	4249.000000	9.000000	360.000000
39	0.000000	0.155000	1.781000	1947	1947	Iredell	37097	37097	49	4139.000000	4.000000	1144.000000	5400.000000	5.000000	1305.000000
43	0.000000	0.134000	1.755000	1958	1958	Burke	37023	37023	12	3573.000000	5.000000	326.000000	4314.000000	15.000000	407.000000
49	0.000000	0.094000	1.307000	1979	1979	Wilson	37195	37195	98	3702.000000	11.000000	1827.000000	4706.000000	13.000000	2330.000000
54	0.000000	0.207000	1.851000	1989	1989	Johnston	37101	37101	51	3999.000000	6.000000	1165.000000	4780.000000	13.000000	1349.000000
61	0.000000	0.146000	1.778000	2027	2027	Rutherford	37161	37161	81	2992.000000	12.000000	495.000000	3543.000000	8.000000	576.000000
63	0.000000	0.154000	1.680000	2030	2030	Harnett	37085	37085	43	3776.000000	6.000000	1051.000000	4789.000000	10.000000	1453.000000
69	0.000000	0.091000	1.321000	2042	2042	Cabarrus	37025	37025	13	4099.000000	3.000000	856.000000	5669.000000	20.000000	1203.000000
74	0.000000	0.104000	1.548000	2065	2065	Lenoir	37107	37107	54	3589.000000	10.000000	1826.000000	4225.000000	14.000000	2047.000000
79	0.000000	0.241000	2.214000	2083	2083	Sampson	37163	37163	82	3025.000000	4.000000	1396.000000	3447.000000	4.000000	1524.000000
84	0.000000	0.163000	1.716000	2095	2095	Union	37179	37179	90	3915.000000	4.000000	1034.000000	5273.000000	9.000000	1348.000000
89	0.000000	0.121000	1.855000	2107	2107	Richmond	37153	37153	77	2756.000000	4.000000	1043.000000	3108.000000	7.000000	1218.000000
98	0.000000	0.240000	2.365000	2232	2232	Columbus	37047	37047	24	3350.000000	15.000000	1431.000000	4144.000000	17.000000	1832.000000
1	0.000000	0.114000	1.442000	1825	1825	Ashe	37009	37009	5	1091.000000	1.000000	10.000000	1364.000000	0.000000	19.000000
2	0.000000	0.061000	1.231000	1827	1827	Alleghany	37005	37005	3	487.000000	0.000000	10.000000	542.000000	3.000000	12.000000
4	0.000000	0.070000	2.968000	1831	1831	Currituck	37053	37053	27	508.000000	1.000000	123.000000	830.000000	2.000000	145.000000
5	0.000000	0.153000	2.206000	1832	1832	Northampton	37131	37131	66	1421.000000	9.000000	1066.000000	1606.000000	3.000000	1197.000000
6	0.000000	0.097000	1.670000	1833	1833	Hertford	37091	37091	46	1452.000000	7.000000	954.000000	1838.000000	5.000000	1237.000000
7	0.000000	0.062000	1.547000	1834	1834	Camden	37029	37029	15	286.000000	0.000000	115.000000	350.000000	2.000000	139.000000
8	0.000000	0.091000	1.284000	1835	1835	Gates	37073	37073	37	420.000000	0.000000	254.000000	594.000000	2.000000	371.000000
9	0.000000	0.118000	1.421000	1836	1836	Warren	37185	37185	93	968.000000	4.000000	748.000000	1190.000000	2.000000	844.000000
10	0.000000	0.124000	1.428000	1837	1837	Stokes	37169	37169	85	1612.000000	1.000000	160.000000	2038.000000	5.000000	176.000000
11	0.000000	0.114000	1.352000	1838	1838	Caswell	37033	37033	17	1035.000000	2.000000	550.000000	1253.000000	2.000000	597.000000

#obs=100 #selected=80

图 3.90　反选结果

图 3.91　取消选择的菜单项

2. 排序

根据某一变量值对观测对象进行排序：双击相应变量列顶部，变量名的后面出现"＞"或"＜"，"＞"为升序排列，"＜"为降序排列。

对于某州 100 个县婴儿出生和死亡情况数据表，双击第一列（样本序列号）顶点，则取消刚才的排序，如图 3.93 所示。

	NEW_VAR	AREA	PERIMETER	CNTY_	CNTY_ID	NAME	FIPS	FIPSNO	CRESS_ID	BIR74	SID74	NWBIR74	BIR79	SID79	NWBIR79
3	0.000000	0.143000	1.630000	1828	1828	Surry	37171	37171	86	3188.000000	5.000000	208.000000	3616.000000	6.000000	260.000000
12	0.000000	0.153000	1.616000	1839	1839	Rockingham	37157	37157	79	4449.000000	16.000000	1243.000000	5386.000000	5.000000	1369.000000
16	0.000000	0.190000	2.204000	1846	1846	Halifax	37083	37083	42	3608.000000	18.000000	2365.000000	4463.000000	17.000000	2980.000000
18	0.000000	0.199000	1.984000	1874	1874	Wilkes	37193	37193	97	3146.000000	4.000000	200.000000	3725.000000	7.000000	222.000000
29	0.000000	0.104000	1.294000	1907	1907	Orange	37135	37135	68	3164.000000	4.000000	776.000000	4478.000000	6.000000	1086.000000
31	0.000000	0.142000	1.640000	1913	1913	Nash	37127	37127	64	4021.000000	8.000000	1851.000000	5189.000000	7.000000	2274.000000
33	0.000000	0.131000	1.521000	1928	1928	Edgecombe	37065	37065	33	3657.000000	10.000000	2186.000000	4359.000000	9.000000	2696.000000
34	0.000000	0.122000	1.516000	1932	1932	Caldwell	37027	37027	14	3609.000000	6.000000	309.000000	4249.000000	9.000000	360.000000
39	0.000000	0.155000	1.781000	1947	1947	Iredell	37097	37097	49	4139.000000	4.000000	1144.000000	5400.000000	5.000000	1305.000000
43	0.000000	0.134000	1.755000	1958	1958	Burke	37023	37023	12	3573.000000	5.000000	326.000000	4314.000000	15.000000	407.000000
49	0.000000	0.094000	1.307000	1979	1979	Wilson	37195	37195	98	3702.000000	11.000000	1827.000000	4706.000000	13.000000	2330.000000
54	0.000000	0.207000	1.851000	1989	1989	Johnston	37101	37101	51	3999.000000	6.000000	1165.000000	4780.000000	13.000000	1349.000000
61	0.000000	0.146000	1.778000	2027	2027	Rutherford	37161	37161	81	2992.000000	12.000000	495.000000	3543.000000	8.000000	576.000000
63	0.000000	0.154000	1.680000	2030	2030	Harnett	37085	37085	43	3776.000000	6.000000	1051.000000	4789.000000	10.000000	1453.000000
69	0.000000	0.091000	1.321000	2042	2042	Cabarrus	37025	37025	13	4099.000000	3.000000	856.000000	5669.000000	20.000000	1203.000000
74	0.000000	0.104000	1.548000	2065	2065	Lenoir	37107	37107	54	3589.000000	10.000000	1826.000000	4225.000000	14.000000	2047.000000
79	0.000000	0.241000	2.214000	2083	2083	Sampson	37163	37163	82	3025.000000	4.000000	1396.000000	3447.000000	4.000000	1524.000000
84	0.000000	0.163000	1.716000	2095	2095	Union	37179	37179	90	3915.000000	4.000000	1034.000000	5273.000000	9.000000	1348.000000
89	0.000000	0.121000	1.855000	2107	2107	Richmond	37153	37153	77	2756.000000	4.000000	1043.000000	3108.000000	7.000000	1218.000000
98	0.000000	0.240000	2.365000	2232	2232	Columbus	37047	37047	24	3350.000000	15.000000	1431.000000	4144.000000	17.000000	1832.000000
1	0.000000	0.114000	1.442000	1825	1825	Ashe	37009	37009	5	1091.000000	1.000000	10.000000	1364.000000	0.000000	19.000000
2	0.000000	0.061000	1.231000	1827	1827	Alleghany	37005	37005	3	487.000000	0.000000	10.000000	542.000000	3.000000	12.000000
4	0.000000	0.070000	2.968000	1831	1831	Currituck	37053	37053	27	508.000000	1.000000	123.000000	830.000000	2.000000	145.000000
5	0.000000	0.153000	2.206000	1832	1832	Northampton	37131	37131	66	1421.000000	9.000000	1066.000000	1606.000000	3.000000	1197.000000
6	0.000000	0.097000	1.670000	1833	1833	Hertford	37091	37091	46	1452.000000	7.000000	954.000000	1838.000000	5.000000	1237.000000
7	0.000000	0.062000	1.547000	1834	1834	Camden	37029	37029	15	286.000000	0.000000	115.000000	350.000000	2.000000	139.000000
8	0.000000	0.091000	1.284000	1835	1835	Gates	37073	37073	37	420.000000	0.000000	254.000000	594.000000	2.000000	371.000000
9	0.000000	0.118000	1.421000	1836	1836	Warren	37185	37185	93	968.000000	4.000000	748.000000	1190.000000	2.000000	844.000000
10	0.000000	0.124000	1.428000	1837	1837	Stokes	37169	37169	85	1612.000000	1.000000	160.000000	2038.000000	5.000000	176.000000
11	0.000000	0.114000	1.352000	1838	1838	Caswell	37033	37033	17	1035.000000	2.000000	550.000000	1253.000000	2.000000	597.000000

#obs=100

图 3.92　取消选择的结果

	NEW_VAR	AREA	PERIMETER	CNTY_	CNTY_ID	NAME	FIPS	FIPSNO	CRESS_ID	BIR74	SID74	NWBIR74	BIR79	SID79	NWBIR79
1	0.000000	0.114000	1.442000	1825	1825	Ashe	37009	37009	5	1091.000000	1.000000	10.000000	1364.000000	0.000000	19.000000
2	0.000000	0.061000	1.231000	1827	1827	Alleghany	37005	37005	3	487.000000	0.000000	10.000000	542.000000	3.000000	12.000000
3	0.000000	0.143000	1.630000	1828	1828	Surry	37171	37171	86	3188.000000	5.000000	208.000000	3616.000000	6.000000	260.000000
4	0.000000	0.070000	2.968000	1831	1831	Currituck	37053	37053	27	508.000000	1.000000	123.000000	830.000000	2.000000	145.000000
5	0.000000	0.153000	2.206000	1832	1832	Northampton	37131	37131	66	1421.000000	9.000000	1066.000000	1606.000000	3.000000	1197.000000
6	0.000000	0.097000	1.670000	1833	1833	Hertford	37091	37091	46	1452.000000	7.000000	954.000000	1838.000000	5.000000	1237.000000
7	0.000000	0.062000	1.547000	1834	1834	Camden	37029	37029	15	286.000000	0.000000	115.000000	350.000000	2.000000	139.000000
8	0.000000	0.091000	1.284000	1835	1835	Gates	37073	37073	37	420.000000	0.000000	254.000000	594.000000	2.000000	371.000000
9	0.000000	0.118000	1.421000	1836	1836	Warren	37185	37185	93	968.000000	4.000000	748.000000	1190.000000	2.000000	844.000000
10	0.000000	0.124000	1.428000	1837	1837	Stokes	37169	37169	85	1612.000000	1.000000	160.000000	2038.000000	5.000000	176.000000
11	0.000000	0.114000	1.352000	1838	1838	Caswell	37033	37033	17	1035.000000	2.000000	550.000000	1253.000000	2.000000	597.000000
12	0.000000	0.153000	1.616000	1839	1839	Rockingham	37157	37157	79	4449.000000	16.000000	1243.000000	5386.000000	5.000000	1369.000000
13	0.000000	0.143000	1.663000	1840	1840	Granville	37077	37077	39	1671.000000	4.000000	930.000000	2074.000000	4.000000	1058.000000
14	0.000000	0.109000	1.325000	1841	1841	Person	37145	37145	73	1556.000000	4.000000	613.000000	1790.000000	4.000000	650.000000
15	0.000000	0.072000	1.085000	1842	1842	Vance	37181	37181	91	2180.000000	4.000000	1179.000000	2753.000000	6.000000	1492.000000
16	0.000000	0.190000	2.204000	1846	1846	Halifax	37083	37083	42	3608.000000	18.000000	2365.000000	4463.000000	17.000000	2980.000000
17	0.000000	0.053000	1.171000	1848	1848	Pasquotank	37139	37139	70	1638.000000	3.000000	622.000000	2275.000000	4.000000	933.000000
18	0.000000	0.199000	1.984000	1874	1874	Wilkes	37193	37193	97	3146.000000	4.000000	200.000000	3725.000000	7.000000	222.000000
19	0.000000	0.081000	1.288000	1880	1880	Watauga	37189	37189	95	1323.000000	1.000000	17.000000	1775.000000	1.000000	33.000000
20	0.000000	0.063000	1.000000	1881	1881	Perquimans	37143	37143	72	484.000000	1.000000	230.000000	676.000000	1.000000	310.000000

#obs=100

图 3.93　某州 100 个县婴儿出生和死亡情况取消排序数据表

对于 BIR74 的数据列, 可按照升序排列, 这时 BIR74 后面出现 ">", 实现情况如图 3.94 所示。

	NEW_VAR	AREA	PERIMETER	CNTY_	CNTY_ID	NAME	FIPS	FIPSNO	CRESS_ID	BIR74 >	SID74	NWBIR74	BIR79	SID79	NWBIR79
45	0.000000	0.099000	1.411000	1963	1963	Tyrrell	37177	37177	89	248.000000	0.000000	116.000000	319.000000	0.000000	141.000000
90	0.000000	0.051000	1.096000	2109	2109	Clay	37043	37043	22	284.000000	0.000000	1.000000	419.000000	0.000000	5.000000
7	0.000000	0.062000	1.547000	1834	1834	Camden	37029	37029	15	286.000000	0.000000	115.000000	350.000000	2.000000	139.000000
87	0.000000	0.167000	2.709000	2099	2099	Hyde	37095	37095	48	338.000000	0.000000	134.000000	427.000000	0.000000	169.000000
73	0.000000	0.078000	1.202000	2056	2056	Graham	37075	37075	38	415.000000	0.000000	40.000000	488.000000	1.000000	45.000000
8	0.000000	0.091000	1.284000	1835	1835	Gates	37073	37073	37	420.000000	0.000000	254.000000	594.000000	2.000000	371.000000
20	0.000000	0.063000	1.000000	1881	1881	Perquimans	37143	37143	72	484.000000	1.000000	230.000000	676.000000	0.000000	310.000000
2	0.000000	0.061000	1.231000	1827	1827	Alleghany	37005	37005	3	487.000000	0.000000	10.000000	542.000000	3.000000	12.000000
4	0.000000	0.070000	2.968000	1831	1831	Currituck	37053	37053	27	508.000000	1.000000	123.000000	830.000000	2.000000	145.000000
56	0.000000	0.094000	3.640000	2000	2000	Dare	37055	37055	28	521.000000	0.000000	43.000000	1059.000000	1.000000	73.000000
77	0.000000	0.060000	1.036000	2071	2071	Polk	37149	37149	75	533.000000	1.000000	95.000000	673.000000	0.000000	79.000000
80	0.000000	0.082000	1.388000	2085	2085	Pamlico	37137	37137	69	542.000000	1.000000	222.000000	631.000000	1.000000	277.000000
83	0.000000	0.121000	1.978000	2091	2091	Jones	37103	37103	52	578.000000	1.000000	297.000000	650.000000	2.000000	305.000000
32	0.000000	0.059000	1.319000	1927	1927	Mitchell	37121	37121	61	671.000000	0.000000	1.000000	919.000000	2.000000	4.000000
58	0.000000	0.141000	2.316000	2013	2013	Swain	37173	37173	87	675.000000	3.000000	281.000000	883.000000	2.000000	406.000000
21	0.000000	0.044000	1.158000	1887	1887	Chowan	37041	37041	21	751.000000	1.000000	368.000000	899.000000	1.000000	491.000000
38	0.000000	0.118000	1.601000	1946	1946	Madison	37115	37115	58	765.000000	2.000000	5.000000	926.000000	2.000000	3.000000
35	0.000000	0.080000	1.307000	1936	1936	Yancey	37199	37199	100	770.000000	0.000000	12.000000	869.000000	1.000000	10.000000
22	0.000000	0.064000	1.213000	1892	1892	Avery	37011	37011	6	781.000000	0.000000	4.000000	977.000000	0.000000	5.000000
78	0.000000	0.131000	1.677000	2082	2082	Macon	37113	37113	57	797.000000	0.000000	9.000000	1157.000000	3.000000	22.000000

#obs=100

图 3.94　1974 年出生率升序排列情况

对于 BIR74 的数据列，可按照降序排列，这时 BIR74 后面出现 "＜"，实现情况如图 3.95 所示。

	NEW_VAR	AREA	PERIMETER	CNTY_	CNTY_ID	NAME	FIPS	FIPSNO	CRESS_ID	BIR74 <	SID74	NWBIR74	BIR79	SID79	NWBIR79
68	0.000000	0.143000	1.887000	2041	2041	Mecklenburg	37119	37119	60	21588.000000	44.000000	8027.000000	30757.000000	35.000000	11631.000000
82	0.000000	0.172000	1.835000	2090	2090	Cumberland	37051	37051	26	20366.000000	38.000000	7043.000000	26370.000000	57.000000	10614.000000
26	0.000000	0.170000	1.680000	1903	1903	Guilford	37081	37081	41	16184.000000	23.000000	5483.000000	20543.000000	38.000000	7089.000000
37	0.000000	0.219000	2.130000	1938	1938	Wake	37183	37183	92	14484.000000	16.000000	4397.000000	20857.000000	31.000000	6221.000000
25	0.000000	0.108000	1.483000	1900	1900	Forsyth	37067	37067	34	11858.000000	10.000000	3919.000000	15704.000000	18.000000	5031.000000
93	0.000000	0.195000	1.783000	2146	2146	Onslow	37133	37133	67	11158.000000	29.000000	2217.000000	14655.000000	23.000000	3568.000000
76	0.000000	0.091000	1.470000	2068	2068	Gaston	37071	37071	36	9014.000000	11.000000	1523.000000	11455.000000	26.000000	2194.000000
30	0.000000	0.077000	1.271000	1908	1908	Durham	37063	37063	32	7970.000000	16.000000	3732.000000	10432.000000	22.000000	4948.000000
94	0.000000	0.240000	2.004000	2150	2150	Robeson	37155	37155	78	7889.000000	31.000000	5904.000000	9087.000000	26.000000	6899.000000
53	0.000000	0.168000	1.995000	1988	1988	Buncombe	37021	37021	11	7515.000000	9.000000	930.000000	9956.000000	18.000000	1206.000000
62	0.000000	0.142000	1.655000	2029	2029	Wayne	37191	37191	96	6638.000000	18.000000	2593.000000	8227.000000	23.000000	3073.000000
91	0.000000	0.177000	2.916000	2119	2119	Craven	37049	37049	25	5868.000000	13.000000	1744.000000	7595.000000	18.000000	2342.000000
52	0.000000	0.106000	1.444000	1986	1986	Catawba	37035	37035	18	5754.000000	5.000000	790.000000	6883.000000	21.000000	914.000000
99	0.000000	0.042000	0.999000	2238	2238	New Hanover	37129	37129	65	5526.000000	12.000000	1633.000000	6917.000000	9.000000	2100.000000
42	0.000000	0.145000	1.791000	1951	1951	Davidson	37057	37057	29	5509.000000	8.000000	736.000000	7143.000000	8.000000	941.000000
51	0.000000	0.168000	1.791000	1984	1984	Pitt	37147	37147	74	5094.000000	14.000000	2620.000000	6635.000000	11.000000	3059.000000
64	0.000000	0.118000	1.506000	2032	2032	Cleveland	37045	37045	23	4866.000000	10.000000	1491.000000	5526.000000	27.000000	1729.000000
27	0.000000	0.111000	1.392000	1904	1904	Alamance	37001	37001	1	4672.000000	13.000000	1243.000000	5767.000000	11.000000	1397.000000
50	0.000000	0.134000	1.590000	1980	1980	Rowan	37159	37159	80	4606.000000	3.000000	1057.000000	6427.000000	8.000000	1504.000000
47	0.000000	0.201000	1.805000	1968	1968	Randolph	37151	37151	76	4456.000000	7.000000	384.000000	5711.000000	12.000000	483.000000

#obs=100

图 3.95　1974 年出生率降序排列情况

对于 BIR74 的数据列，可以取消升序或取消降序，实现情况如图 3.96 所示。

	NEW_VAR	AREA	PERIMETER	CNTY_	CNTY_ID	NAME	FIPS	FIPSNO	CRESS_ID	BIR74	SID74	NWBIR74	BIR79	SID79	NWBIR79
1	0.000000	0.114000	1.442000	1825	1825	Ashe	37009	37009	5	1091.000000	1.000000	10.000000	1364.000000	0.000000	19.000000
2	0.000000	0.061000	1.231000	1827	1827	Alleghany	37005	37005	3	487.000000	0.000000	10.000000	542.000000	3.000000	12.000000
3	0.000000	0.143000	1.630000	1828	1828	Surry	37171	37171	86	3188.000000	5.000000	208.000000	3616.000000	6.000000	260.000000
4	0.000000	0.070000	2.968000	1831	1831	Currituck	37053	37053	27	508.000000	1.000000	123.000000	830.000000	2.000000	145.000000
5	0.000000	0.153000	2.206000	1832	1832	Northampton	37131	37131	66	1421.000000	9.000000	1066.000000	1606.000000	3.000000	1197.000000
6	0.000000	0.097000	1.670000	1833	1833	Hertford	37091	37091	46	1452.000000	7.000000	954.000000	1838.000000	5.000000	1237.000000
7	0.000000	0.062000	1.547000	1834	1834	Camden	37029	37029	15	286.000000	0.000000	115.000000	350.000000	2.000000	139.000000
8	0.000000	0.091000	1.284000	1835	1835	Gates	37073	37073	37	420.000000	0.000000	254.000000	594.000000	2.000000	371.000000
9	0.000000	0.118000	1.421000	1836	1836	Warren	37185	37185	93	968.000000	4.000000	748.000000	1190.000000	2.000000	844.000000
10	0.000000	0.124000	1.428000	1837	1837	Stokes	37169	37169	85	1612.000000	1.000000	160.000000	2038.000000	5.000000	176.000000
11	0.000000	0.114000	1.352000	1838	1838	Caswell	37033	37033	17	1035.000000	2.000000	550.000000	1253.000000	2.000000	597.000000
12	0.000000	0.153000	1.616000	1839	1839	Rockingham	37157	37157	79	4449.000000	16.000000	1243.000000	5386.000000	5.000000	1369.000000
13	0.000000	0.143000	1.663000	1840	1840	Granville	37077	37077	39	1671.000000	4.000000	930.000000	2074.000000	4.000000	1058.000000
14	0.000000	0.109000	1.325000	1841	1841	Person	37145	37145	73	1556.000000	4.000000	613.000000	1790.000000	4.000000	650.000000
15	0.000000	0.072000	1.085000	1842	1842	Vance	37181	37181	91	2180.000000	4.000000	1179.000000	2753.000000	6.000000	1492.000000
16	0.000000	0.190000	2.204000	1846	1846	Halifax	37083	37083	42	3608.000000	18.000000	2365.000000	4463.000000	17.000000	2980.000000
17	0.000000	0.053000	1.171000	1848	1848	Pasquotank	37139	37139	70	1638.000000	3.000000	622.000000	2275.000000	4.000000	933.000000
18	0.000000	0.199000	1.984000	1874	1874	Wilkes	37193	37193	97	3146.000000	4.000000	200.000000	3725.000000	7.000000	222.000000
19	0.000000	0.081000	1.288000	1880	1880	Watauga	37189	37189	95	1323.000000	1.000000	17.000000	1775.000000	1.000000	33.000000
20	0.000000	0.063000	1.000000	1881	1881	Perquimans	37143	37143	72	484.000000	1.000000	230.000000	676.000000	0.000000	310.000000

#obs=100

图 3.96　取消排序的情况

3. 查询

GeoDa 可以进行有限数量的查询，适合于查询有特殊值或在某些值之间的对象。例如，查询某州 100 个县婴儿出生和死亡情况数据表（sids）中出生人口小于等于 500 的县的分布情况。

根据某一变量（只能为一个变量）的变化范围，可以建立一个逻辑表达式来选择对象。

在给定的数据表中，右键单击出现 Selection Tool 菜单子项，如图 3.97 所示。

图 3.97　选择 Selection Tool 菜单子项

选择 Selection Tool 菜单子项后，出现如图 3.98 所示的参数设置界面。

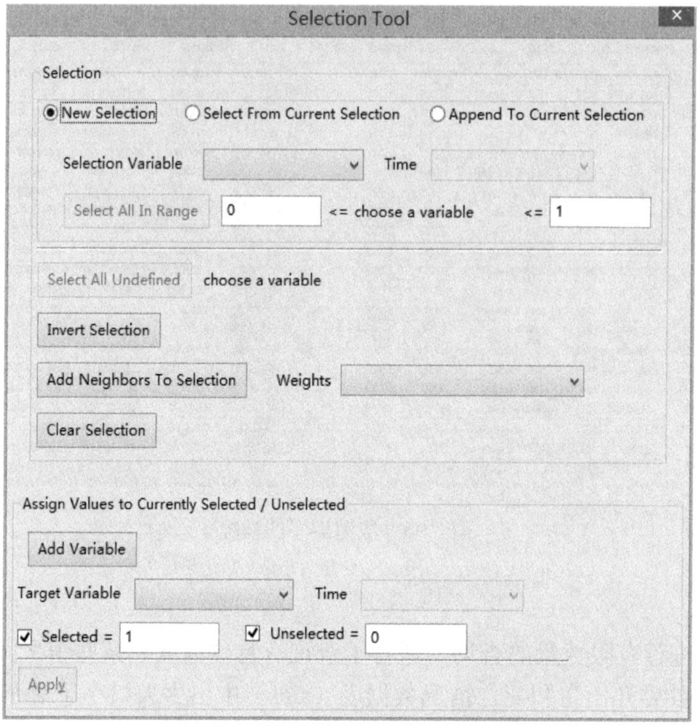

图 3.98　Selection Tool 设置参数界面

在 Selection Tool 界面中，选择数据表中的 BIR74 变量，并设定该变量的数值范围，即 $0 \leqslant BIR74 \leqslant 500.1$，如图 3.99 所示。

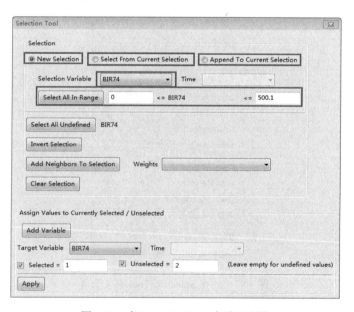

图 3.99　在 Selection Tool 中设置参数

设置好参数后，点击"Apply"按钮，出现如图 3.100 所示的界面。

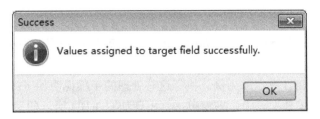

图 3.100　赋值成功的信息窗

点击"Apply"运行成功后，得到出生人口小于等于 500 的县的数据查询结果，如图 3.101 所示。

	NEW_VAR	AREA	PERIMETER	CNTY_	CNTY_ID	NAME	FIPS	FIPSNO	CRESS_ID	BIR74	SID74	NWBIR74	BIR79	SID79	NWBIR79
2	0.000000	0.061000	1.231000	1827	1827	Alleghany	37005	37005	3	487.000000	0.000000	10.000000	542.000000	3.000000	12.000000
7	0.000000	0.062000	1.547000	1834	1834	Camden	37029	37029	15	286.000000	0.000000	115.000000	350.000000	2.000000	139.000000
8	0.000000	0.091000	1.284000	1835	1835	Gates	37073	37073	37	420.000000	0.000000	254.000000	594.000000	2.000000	371.000000
20	0.000000	0.063000	1.000000	1881	1881	Perquimans	37143	37143	72	484.000000	1.000000	230.000000	676.000000	0.000000	310.000000
45	0.000000	0.099000	1.411000	1963	1963	Tyrrell	37177	37177	89	248.000000	0.000000	116.000000	319.000000	0.000000	141.000000
73	0.000000	0.078000	1.202000	2056	2056	Graham	37075	37075	38	415.000000	0.000000	40.000000	488.000000	1.000000	45.000000
87	0.000000	0.167000	2.709000	2099	2099	Hyde	37095	37095	48	338.000000	0.000000	134.000000	427.000000	0.000000	169.000000
90	0.000000	0.051000	1.096000	2109	2109	Clay	37043	37043	22	284.000000	0.000000	1.000000	419.000000	0.000000	5.000000
1	0.000000	0.114000	1.442000	1825	1825	Ashe	37009	37009	5	1091.000000	1.000000	10.000000	1364.000000	0.000000	19.000000
3	0.000000	0.143000	1.630000	1828	1828	Surry	37171	37171	86	3188.000000	5.000000	208.000000	3616.000000	6.000000	260.000000
4	0.000000	0.070000	2.968000	1831	1831	Currituck	37053	37053	27	508.000000	1.000000	123.000000	830.000000	2.000000	145.000000
5	0.000000	0.153000	2.206000	1832	1832	Northampton	37131	37131	66	1421.000000	9.000000	1066.000000	1606.000000	3.000000	1197.000000
6	0.000000	0.097000	1.670000	1833	1833	Hertford	37091	37091	46	1452.000000	7.000000	954.000000	1838.000000	5.000000	1237.000000
9	0.000000	0.118000	1.421000	1836	1836	Warren	37185	37185	93	968.000000	4.000000	748.000000	1190.000000	2.000000	844.000000
10	0.000000	0.124000	1.428000	1837	1837	Stokes	37169	37169	85	1612.000000	1.000000	160.000000	2038.000000	5.000000	176.000000
11	0.000000	0.114000	1.352000	1838	1838	Caswell	37033	37033	17	1035.000000	2.000000	550.000000	1253.000000	2.000000	597.000000
12	0.000000	0.153000	1.616000	1839	1839	Rockingham	37157	37157	79	4449.000000	16.000000	1243.000000	5386.000000	5.000000	1369.000000
13	0.000000	0.143000	1.663000	1840	1840	Granville	37077	37077	39	1671.000000	4.000000	930.000000	2074.000000	4.000000	1058.000000
14	0.000000	0.109000	1.325000	1841	1841	Person	37145	37145	73	1556.000000	4.000000	613.000000	1790.000000	4.000000	650.000000
15	0.000000	0.072000	1.085000	1842	1842	Vance	37181	37181	91	2180.000000	4.000000	1179.000000	2753.000000	6.000000	1492.000000

#obs=100 #selected=8

图 3.101　出生人口小于等于 500 的县数据表查询结果

根据以上步骤所产生的地图情况，即出生人口小于等于 500 的县分布情况，如图 3.102 所示。

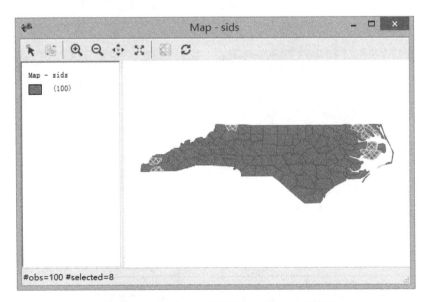

图 3.102　出生人口小于等于 500 的县分布情况

4. 计算

GeoDa 表格拥有一些比较简单的处理，包括添加新变量、删除现有变量，甚至转换现有变量的功能。

仍以某州各县的 SID 死亡率为例。执行这些处理的步骤说明如下：

首先在打开的 sids 数据表中，右键单击，出现如图 3.103 所示的菜单项。

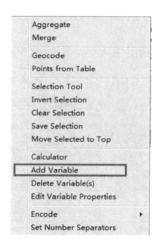

图 3.103　选择 Add Variable 菜单子项

1）创建一个新的变量

选择 Add Variable 菜单项后，出现如图 3.104 所示的界面，可对增加的变量 SIDR74 进行设置。在图 3.104 中设置变量 SIDR74 的类型为 real。

图 3.105 为确定增加变量的位置，其中，选择增加的变量位置在最后的变量之后，为增加的变量设置最大长度和小数的位数，如图 3.106 所示。在 Add Variable 界面设置好参数之后，点击"Add"按钮，出现如图 3.107 所示的数据表。可以看到在图 3.107 中的最后一列出现了 SIDR74 数据列。

图 3.104　增加变量 SIDR74 的设置界面（1）

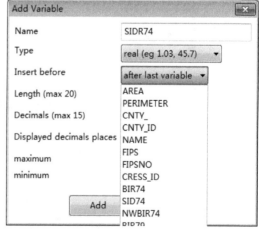

图 3.105　增加变量 SIDR74 的设置界面（2）

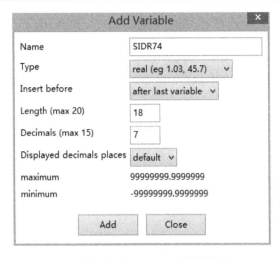

图 3.106　增加变量 SIDR74 的设置界面（3）

	CNTY_	CNTY_ID	NAME	FIPS	FIPSNO	CRESS_ID	RECORD	BIR74	SID74	NWBIR74	BIR79	SID79	NWBIR79	SIDR74
1	1825	1825	Ashe	37009	37009	5	0	1091.000000	1.000000	10.000000	1364.000000	0.000000	19.000000	
2	1827	1827	Alleghany	37005	37005	3	1	487.000000	0.000000	10.000000	542.000000	3.000000	12.000000	
3	1828	1828	Surry	37171	37171	86	0	3188.000000	5.000000	208.000000	3616.000000	6.000000	260.000000	
4	1831	1831	Currituck	37053	37053	27	0	508.000000	1.000000	123.000000	830.000000	2.000000	145.000000	
5	1832	1832	Northampton	37131	37131	66	0	1421.000000	9.000000	1066.000000	1606.000000	3.000000	1197.000000	
6	1833	1833	Hertford	37091	37091	46	0	1452.000000	7.000000	954.000000	1838.000000	5.000000	1237.000000	
7	1834	1834	Camden	37029	37029	15	1	286.000000	0.000000	115.000000	350.000000	2.000000	139.000000	
8	1835	1835	Gates	37073	37073	37	1	420.000000	0.000000	254.000000	594.000000	2.000000	371.000000	
9	1836	1836	Warren	37185	37185	93	0	968.000000	4.000000	748.000000	1190.000000	2.000000	844.000000	
10	1837	1837	Stokes	37169	37169	85	0	1612.000000	1.000000	160.000000	2038.000000	5.000000	176.000000	
11	1838	1838	Caswell	37033	37033	17	0	1035.000000	2.000000	550.000000	1253.000000	2.000000	597.000000	
12	1839	1839	Rockingham	37157	37157	79	0	4449.000000	16.000000	1243.000000	5386.000000	5.000000	1369.000000	
13	1840	1840	Granville	37077	37077	39	0	1671.000000	4.000000	930.000000	2074.000000	4.000000	1058.000000	
14	1841	1841	Person	37145	37145	73	0	1556.000000	4.000000	613.000000	1790.000000	4.000000	650.000000	
15	1842	1842	Vance	37181	37181	91	0	2180.000000	4.000000	1179.000000	2753.000000	6.000000	1492.000000	

图 3.107　带有新增空列的数据表

2）计算 SID 死亡率

在数据表窗口内点击右键，出现可选的菜单项，如图 3.108 所示。

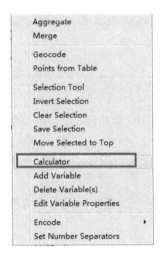

图 3.108　选择 Calculator 菜单项

在图 3.112 中的菜单项中选择 Calculator 后，出现如图 3.109 所示的交互界面。

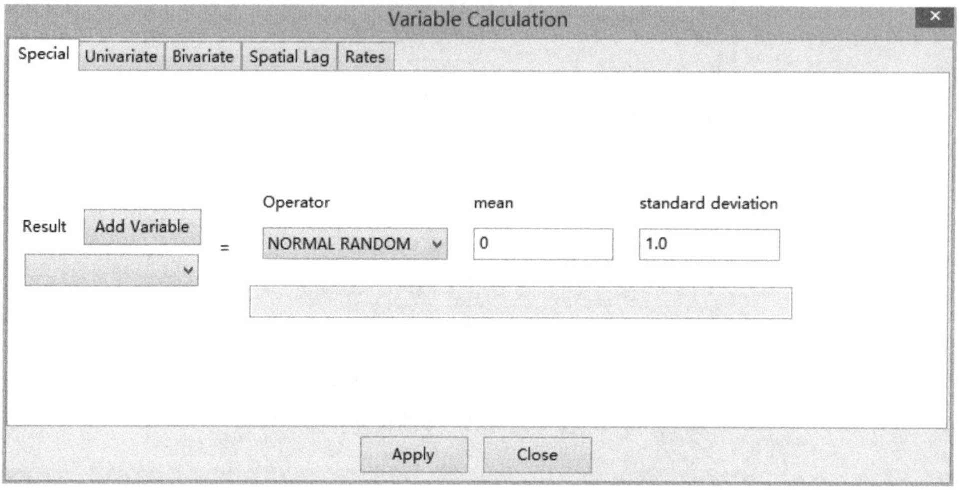

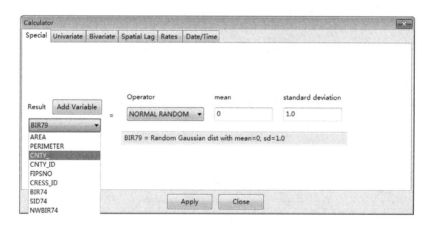

图 3.109　变量计算交互界面

在图 3.109 中的交互界面中出现 5 个标签项，内容为：专用（Special）运算、一元（Univariate）运算、二元（Bivariate）运算、空间滞后（Spatial Lag）运算和比率（Rates）运算。

可以在图 3.110 中，对选择的变量进行特定的运算，如求其在给定平均值和标准差下的正态分布值。

图 3.110　选择 Special 选项卡的界面

在图 3.111 中，可以对一元变量执行指定的运算。如可以求 SID74 的平方根，并赋值给 BIR79。

在图 3.112 中，可以对选定的两个变量执行指定的简单运算。如对 BIR74 和 BIR79 求和，然后赋值给 BIR79。

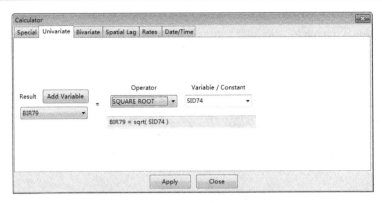

图 3.111　选择 Univariate 选项卡的界面

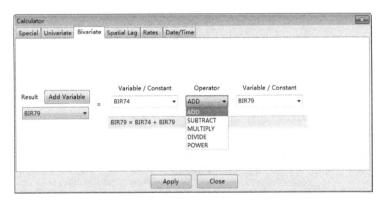

图 3.112　选择 Bivariate 选项卡的界面

在图 3.113 中，可以在确定了权重系数后，对选定的变量进行滞后运算。可以选择 Use row-standardized weights，使用行标准权重系数，也可以选择 Include diagnoal of weights matrix，进行权重系数矩阵的诊断。

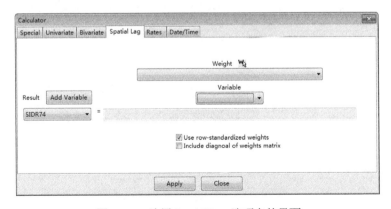

图 3.113　选用 Spatial Lag 选项卡的界面

在图 3.114 中，可以对选中的两个变量求取其比值。例如，求取 SID74 和 BIR74 的比值，运算的结果赋值给 SIDR74。运算后产生的某州 100 个县 SID1974 年死亡率情况如图 3.115 所示。

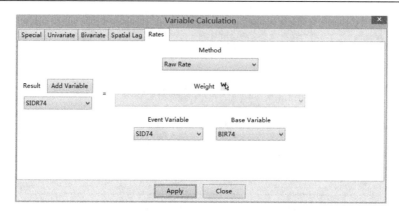

图 3.114　选用 Rates 选项卡的界面

	CNTY_ID	NAME	FIPS	FIPSNO	CRESS_ID	BIR74	SID74	NWBIR74	BIR79	SID79	NWBIR79	SIDR74
1	1825	Ashe	37009	37009	5	1091.000000	1.000000	10.000000	1364.000000	0.000000	19.000000	0.000917
2	1827	Alleghany	37005	37005	3	487.000000	0.000000	10.000000	542.000000	3.000000	12.000000	0.000000
3	1828	Surry	37171	37171	86	3188.000000	5.000000	208.000000	3616.000000	6.000000	260.000000	0.001568
4	1831	Currituck	37053	37053	27	508.000000	1.000000	123.000000	830.000000	2.000000	145.000000	0.001969
5	1832	Northampton	37131	37131	66	1421.000000	9.000000	1066.000000	1606.000000	3.000000	1197.000000	0.006334
6	1833	Hertford	37091	37091	46	1452.000000	7.000000	954.000000	1838.000000	5.000000	1237.000000	0.004821
7	1834	Camden	37029	37029	15	286.000000	0.000000	115.000000	350.000000	2.000000	139.000000	0.000000
8	1835	Gates	37073	37073	37	420.000000	0.000000	254.000000	594.000000	2.000000	371.000000	0.000000
9	1836	Warren	37185	37185	93	968.000000	4.000000	748.000000	1190.000000	2.000000	844.000000	0.004132
10	1837	Stokes	37169	37169	85	1612.000000	1.000000	160.000000	2038.000000	5.000000	176.000000	0.000620
11	1838	Caswell	37033	37033	17	1035.000000	2.000000	550.000000	1253.000000	2.000000	597.000000	0.001932
12	1839	Rockingham	37157	37157	79	4449.000000	16.000000	1243.000000	5386.000000	5.000000	1369.000000	0.003596
13	1840	Granville	37077	37077	39	1671.000000	4.000000	930.000000	2074.000000	4.000000	1058.000000	0.002394
14	1841	Person	37145	37145	73	1556.000000	4.000000	613.000000	1790.000000	4.000000	650.000000	0.002571

#obs=100

图 3.115　某州 100 个县 1974 年 SID 死亡率运算结果

3）调整变量

可以对产生的运算结果进行必要的调整处理。调整变量的界面如图 3.116 所示。

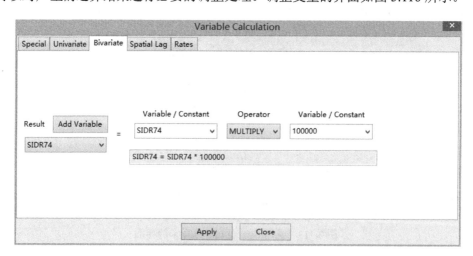

图 3.116　变量调整界面

在图 3.116 中，因为该数值太小，不便于观察分析，所以对前面运行产生的比率结果 SIDR74 再次进行调整运算，即乘以 100000，并重新赋值给 SIDR74。这样 sids 数据表（某州 100 个县 1974 年 SID 死亡率）中的 SIDR74 已发生了变化，如图 3.117 所示。

		FIPS	FIPSNO	CRESS_ID	BIR74	SID74	NWBIR74	BIR79	SID79	NWBIR79	SIDR74
1		37009	37009	5	1091.000000	1.000000	10.000000	1364.000000	0.000000	19.000000	91.659028
2		37005	37005	3	487.000000	0.000000	10.000000	542.000000	3.000000	12.000000	0.000000
3		37171	37171	86	3188.000000	5.000000	208.000000	3616.000000	6.000000	260.000000	156.838143
4		37053	37053	27	508.000000	1.000000	123.000000	830.000000	2.000000	145.000000	196.850394
5	on	37131	37131	66	1421.000000	9.000000	1066.000000	1606.000000	3.000000	1197.000000	633.356791
6		37091	37091	46	1452.000000	7.000000	954.000000	1838.000000	5.000000	1237.000000	482.093664
7		37029	37029	15	286.000000	0.000000	115.000000	350.000000	2.000000	139.000000	0.000000
8		37073	37073	37	420.000000	0.000000	254.000000	594.000000	2.000000	371.000000	0.000000
9		37185	37185	93	968.000000	4.000000	748.000000	1190.000000	2.000000	844.000000	413.223140
10		37169	37169	85	1612.000000	1.000000	160.000000	2038.000000	5.000000	176.000000	62.034739
11		37033	37033	17	1035.000000	2.000000	550.000000	1253.000000	2.000000	597.000000	193.236715
12	m	37157	37157	79	4449.000000	16.000000	1243.000000	5386.000000	5.000000	1369.000000	359.631378
13		37077	37077	39	1671.000000	4.000000	930.000000	2074.000000	4.000000	1058.000000	239.377618
14		37145	37145	73	1556.000000	4.000000	613.000000	1790.000000	4.000000	650.000000	257.069409

Table - sids

#obs=100

图 3.117　某州 100 个县 1974 年调整后的 SID 死亡率运算结果

3.7.5　编辑变量属性

数据表还可实现编辑变量的属性、改变数值类型大小和长度。在数据表中右键单击，出现如图 3.118 所示的菜单界面。

图 3.118　选择 Edit Variable Properties 菜单子项

选择了 Edit Variable Properties 后，可以对选定的数据表中的各个属性进行类型、长度、小数位数、最小值和最大值等特征的设定处理，如图 3.119 所示。

variable name	type	parent group	time	length	decimal places	displayed decimal places	minimum possible	maximum possible
AREA	real			12	3		-9999999.999	99999999.999
PERIMETER	real			12	3		-9999999.999	99999999.999
CNTY_	integer			11			-9999999999	99999999999
CNTY_ID	integer			11			-9999999999	99999999999
NAME	string			32				
FIPS	string			5				
FIPSNO	integer			16			-999999999999999	9999999999999999
CRESS_ID	integer			3			-99	999
BIR74	real			12	6		-9999.999999	99999.999999
SID74	real			9	6		-9.999999	99.999999
NWBIR74	real			11	6		-999.999999	9999.999999
BIR79	real			12	6		-9999.999999	99999.999999
SID79	real			9	6		-9.999999	99.999999
NWBIR79	real			12	6		-9999.999999	99999.999999
SIDR74	real			18	7		-99999999.9999999	99999999.9999999

图 3.119　设置 sids 数据表中的各个属性项的数据特征

3.8　空间关联性探索原理

地理学第一定律：空间关联性现象是普遍存在的，且近处比远处关联性更强。

空间自关联性：指同一变量在不同地域单元（如县、地区、省和国家，或植物区、动物区和土壤区等）之间的相关性。

空间交叉关联性：指两个不同变量在不同地域单元之间的相关性。

为了揭示空间的关联性，需要探讨空间对象的空间依赖关系，可以用空间权重函数来表达。空间依赖关系又可分为"邻接性"（contiguity 或 adjacency）和"距离性"（distance）。

"距离性"空间依赖关系可分为：①非几何距离；②几何距离。还涉及如下概念：

（1）有限距离：两个地域单元之间的几何距离小于设定的阈值。

（2）负相关距离：距离的递减函数定义元素值。

（3）混合距离：以上二者都有。

3.8.1　空间权重矩阵

"邻接性"空间依赖关系相对应空间权重矩阵元素值的定义：邻接为 1；不邻接为 0。

类型："车式"（rook，或称城堡式）邻接、"后式"（queen）邻接。

1. "车式"邻接

定义：如果两个地域单元之间存在公共的边线，就定义它们为"邻接"；否则，就定义为"不邻接"。如图 3.120 所示。

空间权重矩阵定义规则：若地域单元 i 和地域单元 j 之间存在"车式"邻接，即 $w_{ij}=1$，如图 3.121 中的 1～6，为 6 种邻接的情况。否则，$w_{ij}=0$，如图 3.121 中 7 的情况。

可以定义图 3.121 中各个单元的邻接值，具体情况如下。

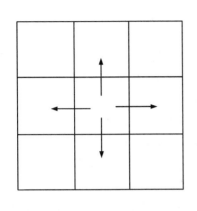

图 3.120   "车式"邻接

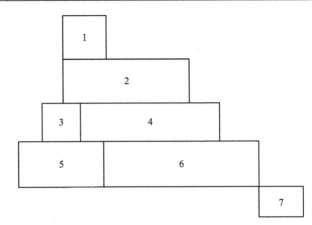

图 3.121   7 个地域单元的空间依赖关系（1）

第 1 单元：$w_{12}=1$，其余为 0；

第 2 单元：w_{21}、w_{23}、$w_{24}=1$，其余为 0；

第 3 单元：w_{32}、w_{34}、$w_{35}=1$，其余为 0；

第 4 单元：w_{42}、w_{43}、w_{45}、$w_{46}=1$，其余为 0；

第 5 单元：w_{53}、w_{54}、$w_{56}=1$，其余为 0；

第 6 单元：w_{64}、$w_{65}=1$，其余为 0；

$$\begin{pmatrix} 0 & 1 & 0 & 0 & 0 & 0 & 0 \\ 1 & 0 & 1 & 1 & 0 & 0 & 0 \\ 0 & 1 & 0 & 1 & 1 & 0 & 0 \\ 0 & 1 & 1 & 0 & 1 & 1 & 0 \\ 0 & 0 & 1 & 1 & 0 & 1 & 0 \\ 0 & 0 & 0 & 1 & 1 & 0 & 0 \\ 0 & 0 & 0 & 0 & 0 & 0 & 0 \end{pmatrix}$$

第 7 单元：全部为 0。

这些邻接值，可以形成如图 3.122 所示的邻接矩阵。

图 3.122 的邻接矩阵可以认为是空间权重矩阵，该矩阵
具有对称性。

图 3.122   邻接矩阵（车式）

2. "后式"邻接

定义：如果两个地域单元之间存在公共边或公共点，就定义它们为"邻接"；否则，就
定义为"不邻接"，如图 3.123 所示。

空间权重矩阵定义规则：若地域单元 i 和地域单元 j 之间存在"后式"邻接，$w_{ij}=1$；否
则，$w_{ij}=0$。

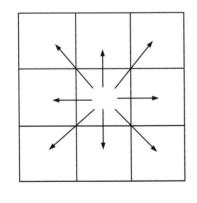

图 3.123   "后式"邻接

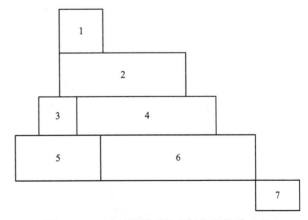

图 3.124   7 个地域单元的空间依赖关系（2）

$$\begin{pmatrix} 0 & 1 & 0 & 0 & 0 & 0 & 0 \\ 1 & 0 & 1 & 1 & 0 & 0 & 0 \\ 0 & 1 & 0 & 1 & 1 & 0 & 0 \\ 0 & 1 & 1 & 0 & 1 & 1 & 0 \\ 0 & 0 & 1 & 1 & 0 & 1 & 0 \\ 0 & 0 & 0 & 1 & 1 & 0 & 1 \\ 0 & 0 & 0 & 0 & 0 & 1 & 0 \end{pmatrix}$$

图 3.125　邻接矩阵（后式）

对于图 3.124 中的 7 个单元，各个空间单元的空间邻接情况如下。

第 1 单元：$w_{12} = 1$，其余为 0；

第 2 单元：w_{21}、w_{23}、$w_{24} = 1$，其余为 0；

第 3 单元：w_{32}、w_{34}、$w_{35} = 1$，其余为 0；

第 4 单元：w_{42}、w_{43}、w_{45}、$w_{46} = 1$，其余为 0；

第 5 单元：w_{53}、w_{54}、$w_{56} = 1$，其余为 0；

第 6 单元：w_{64}、w_{65}、$w_{67} = 1$，其余为 0；

第 7 单元：$w_{76} = 1$，其余为 0。

这些邻接值，可以形成如图 3.125 所示的邻接矩阵。该空间权重矩阵同样具有对称性。

3.8.2　探索性空间数据分析

探索性空间数据分析是一种具有识别功能的空间数据分析方法，主要用于探测一些变量的空间关联性和集聚现象。

某一个变量在各个地域单元之间具有自相关性：某一地域单元该变量值较高，其周围地域单元该变量也较高；某一地域单元该变量较低，其周围地域单元该变量也较低。

空间自相关性可以看作一种反映集聚现象的尺度。

探索性空间数据分析使用的指标如下。

（1）全局空间关联性指标：全局 Moran's I 指数、Geary's C 指数等，是分析整个区域关联性的指数，可分为自关联性和交叉关联性。① 自关联性：反映同一变量在研究区域内的自相关性。② 交叉关联性：反映两个不同变量在研究区域内的相关性。

（2）局部空间关联性指标：局部 Moran's I 指数、Geary's C 指数等，是分析区域内各个地域单元关联性的指数。局部 Moran's I 指数用来衡量相邻的空间分布对象及其属性取值之间的关系。

1. 全局 Moran's I 指数

1948 年，莫兰提出了全局 Moran's I 指数，最早应用于检验空间关联性和集聚问题的探索性空间分析。该指数反映整个研究区域内，各个地域单元与邻近地域单元之间的相似性。

（1）自关联性（单变量）全局 Moran's I 指数：

$$I = \frac{n\sum_{i=1}^{n}\sum_{j=1}^{n} w_{ij}(x_i - \bar{x})(x_j - \bar{x})}{\sum_{i=1}^{n}\sum_{j=1}^{n} w_{ij} \sum_{i=1}^{n}(x_i - \bar{x})^2} \tag{3.9}$$

（2）交叉（双变量）全局 Moran's I 指数：

$$I_{xy} = \frac{n\sum_{i=1}^{n}\sum_{j=1}^{n} w_{ij}(y_i - \bar{y})(x_j - \bar{x})}{\sum_{i=1}^{n}\sum_{j=1}^{n} w_{ij} \sum_{i=1}^{n}(x_i - \bar{x})^2} \tag{3.10}$$

其中，n 为研究区域内地域单元总数；w_{ij} 为空间权重矩阵的元素值；x_i 为地域单元 i 的 x 变量值；y_i 为地域单元 i 的 y 变量值。

全局 Moran's I 指数可以看作观测值与它的空间滞后变量之间的相关系数，即全局

Moran's I 指数是回归方程 $Y = \alpha WX + \varepsilon$ 的最小二乘法的"斜率"估计。

$$X = \begin{bmatrix} x_1 \\ x_2 \\ \vdots \\ x_n \end{bmatrix}, \quad Y = \begin{bmatrix} y_1 \\ y_2 \\ \vdots \\ y_n \end{bmatrix}, \quad \varepsilon \sim N(0, \; \sigma^2 I_n)$$

I 取值范围为–1～1。Moran's I 指数大于 0 表示正相关,指数接近 1 时表明具有相似的属性集聚在一起(即高值与高值邻接、低值与低值邻接);小于 0 表示负相关,指数接近–1 表示具有相异的属性集聚在一起(即高值与低值邻接、低值与高值邻接);接近 0,表示属性是随机分布的,或者不存在空间自相关性。

对于全局 Moran's I 指数,可以用标准化统计量 $Z(I)$ 来检验空间自相关的显著性水平。$Z(I)$ 的计算公式为:$Z(I) = [I - E(I)] / \mathrm{Var}(I)$,$\mathrm{Var}(I)$ 是 Moran's I 指数的理论方差,$EI = -1/(n-1)$ 为其理论期望。

2. 局部 Moran's I 指数

1955 年,安塞林提出了局部 Moran's I 指数。该指数可应用于检验局部地区是否存在变量集聚现象。

地域单元 i 的局部 Moran's I 指数用来度量它和其周围地域单元之间的关联性。

局部 Moran's I 指数计算公式为

$$I_i = \frac{n^2 (x_i - \overline{x}) \sum_{j=1}^{n} w_{ij}(x_j - \overline{x})}{\sum_{i=1}^{n} \sum_{j=1}^{n} w_{ij} \sum_{j=1}^{n} (x_j - \overline{x})^2} \tag{3.11}$$

正的 I_i 表示一个高值被高值所包围(高-高),或者一个低值被低值所包围(低-低)。负的 I_i 表示一个低值被高值所包围(低-高),或者一个高值被低值所包围(高-低)。

3. Geray's C 指数

Geary's C 指数的取值范围是 0～2。

$0 < C < 1$,表示具有该属性取值的空间事物分布具有正相关性;

$1 < C < 2$,表示该属性取值的空间事物分布具有负相关性;

$C = 1$,表示不存在空间相关,即空间事物该属性的取值在空间上随机分布。

计算公式为

$$C = \frac{\sum_{i=1}^{N} \sum_{j=1}^{N} \omega_{ij} y_i - y_j^2}{2 \sum_{i=1}^{N} \sum_{j=1}^{N} \omega_{ij} \sigma^2} \tag{3.12}$$

其中,$\sigma^2 = \dfrac{\sum_{i=1}^{N}(y_i - \overline{y})^2}{N-1}$ 为空间分析对象属性的方差。

3.8.3　Moran's I 指数制图案例

对某地区 56 个唇癌数据进行 Moran's I 指数分析。

载入样本文件 scotlip.shp,关键字为 CODENO。为能够比较"原始"数据的散点图,要确保在数据集中有原始数据的变量。在菜单中选择 Map→Smooth→Raw Rate,创建一幅地图。选择 Cancer 为事件,Pop 为基数变量。在 map themes 选择 Hignes=1.5,category 选择 5,得到某地区的唇癌原始比率分布示意图，如图 3.126 所示。

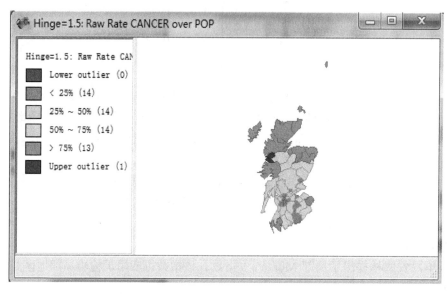

图 3.126　某地区的唇癌原始比率分布示意图

在该图上右键单击，选择 Save Rates 添加一个属性字段，将原始比率（癌症患者在总人口的占比）添加到数据表中。如图 3.127 所示。

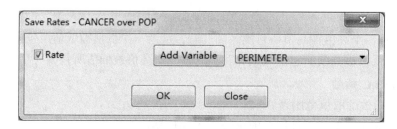

图 3.127　将原始比率添加到数据表中

为简便起见，保留变量名为默认的 R_RAWRATE。点击"OK"，如图 3.128 所示。

再点击 Space→Univariate Moran，选择 R_RAWRATE，点击"OK"，得到了如图 3.129 所示的 Moran's I 散点图。其中，Y 轴被指定为 lagged R_RAWRATE，而没有必要进行明确的空间滞后计算。R_RAWRATE 在 X 轴，它已经相对于标准差（超过 2 倍标准差，即被认定为离群值）进行了标准化。

该散点图以平均值为轴的中心，将图分为 4 个象限，每个象限对应于不同的空间自相关类型：高高和低低为正相关；低高和高低为负相关。图 3.129 顶部所列的值 0.405743　是 Moran's I 统计量。

因为图 3.129 是一种特殊的散点图，可以应用 Exclude Selected 试验这一选项（在图中右键单击，或从 Options 菜单中调用此选项），可以评估当排除指定观测点时，空间自变量相关系数（回归直线的斜率）的变化。

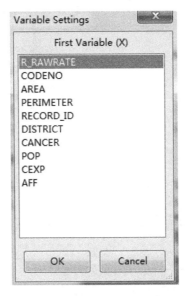

图 3.128　变量设置对话窗

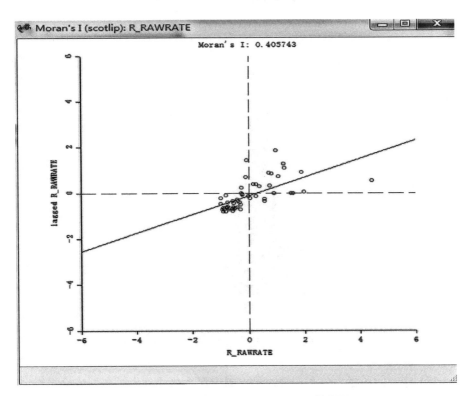

图 3.129　某地区唇癌比率 Moran's I 散点图

　　对 Moran's I 的推断是基于随机序列的，它多次重新计算统计量产生一个参考分布。得到的统计量与参考分析相比较，可计算一个假设显著性。

　　在散点图中右键单击调用选项菜单来开始推断计算，如图 3.130 所示。可选择Randomization>999permutations，产生直方图，如图 3.131 所示。

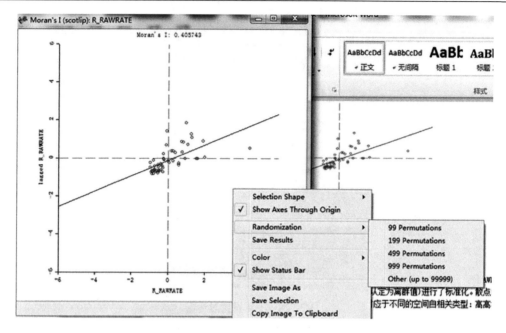

图 3.130　基于散点图进行推断计算

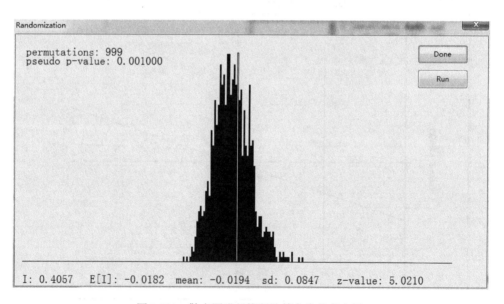

图 3.131　散点图进行推断计算产生的直方图

　　在图 3.131 中，除了参考分布和统计量，图中左下角还列出了序列数量和假设显著性水平，统计指数为 0.4057，理论平均值为–0.0182，经验分布的平均值为–0.0194，标准差为 0.0847。平均值取决于特定的随机序列，点击"Run"按钮会产生变化，即 Run 按钮可评估结果对特定随机序列的敏感性。特别地，对 999 序列，这些结果不会有太大的变化，但对数字较小的序列，如 99，将会有非常大的差别。注意：显著性指标 p 取决于序列的数目。例如，对 99 序列，$p=0.01$，对 999 序列，$p=0.001$。

3.9　Explore 中的统计图表

通过统计图表，可以可视化地探索空间数据的概率分布结构和空间分布结构，从这些空间数据探索实践中，将确定异常值和相应的地域单元。在 GeoDa 中，可以创建的统计图表包括直方图、散点图、箱形图、平行坐标图、条件图、统计地图等。

3.9.1　直方图

直方图（histogram），也称柱状图，是对随机变量密度函数的近似描述，用于表示观察变量频数分布和探测观察变量的不对称性。横轴表示被观察的指标，纵轴表示频数或频率，以直条面积代表各段的频数和频率。

直方图的特点及作用是：①直方图可以清楚显示各组频数分布情况；②直方图易于显示各组之间频数的差别。

1. 案例 1

选择 Histogram 菜单项（图 3.132），打开 sids.dbf，如图 3.133 所示。分别选择某州 100 个县 1974 年和 1979 年的婴儿死亡人数（SID74 和 SID79），如图 3.134 所示。

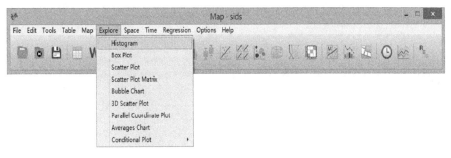

图 3.132　GeoDa 主界面中的 Explore 菜单项

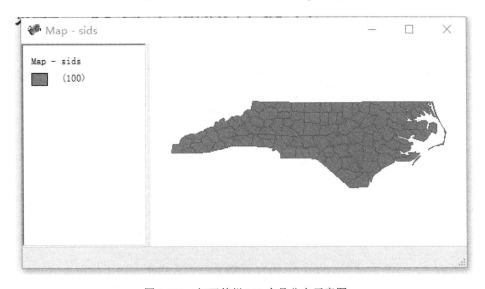

图 3.133　打开某州 100 个县分布示意图

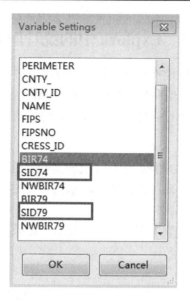

图 3.134　选择拟绘图的数据

执行 Histogram 菜单项后，产生某州 100 个县 1974 年婴儿死亡人口直方图，如图 3.135 所示。

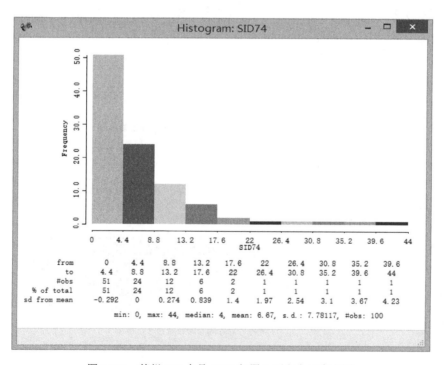

图 3.135　某州 100 个县 1974 年婴儿死亡人口直方图

同样的操作，可产生某州 100 个县 1979 年婴儿死亡人口直方图，如图 3.136 所示。

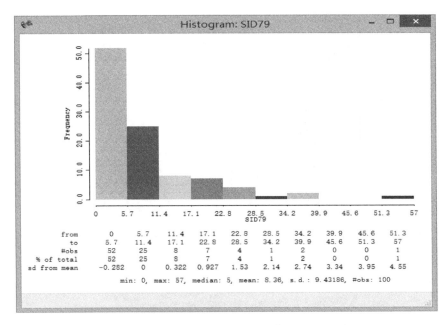

图 3.136   某州 100 个县 1979 年婴儿死亡人口直方图

（3）链接直方图和地图，需要右键单击图片选择 Selection Shape，再选择 Circle。如图 3.137～图 3.139 所示。

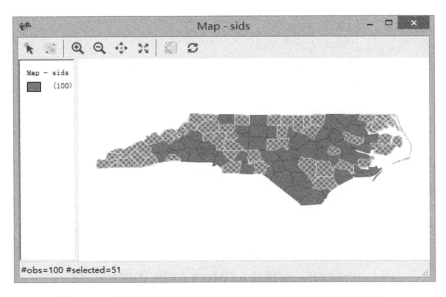

图 3.137   链接的直方图和分布示意图（从直方图到分布示意图）

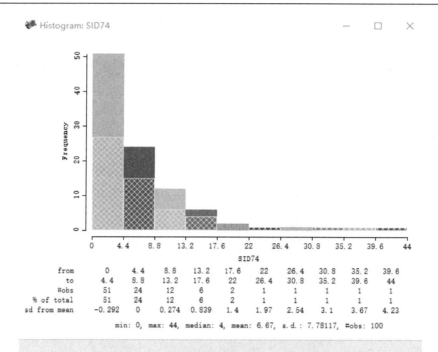

图 3.138　链接的直方图和分布示意图（SID74）

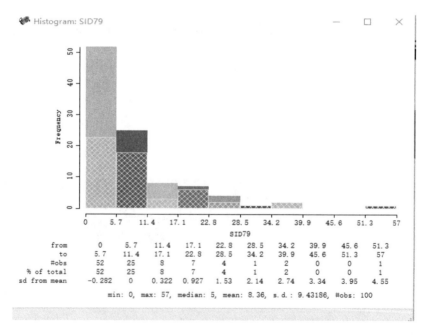

图 3.139　链接的直方图和分布示意图（SID79）

反之，也可以实现分布示意图到直方图的链接，如图 3.140 所示。

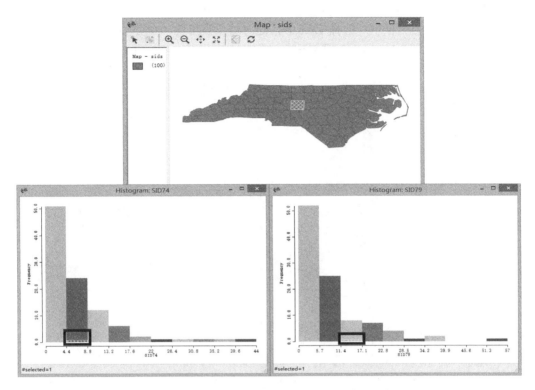

图 3.140　链接的直方图和分布示意图（从分布示意图到直方图）

2. 案例 2

直方图是随机变量密度函数的离散近似值，用于探测不对称性、多模态（multiple modes）和其他分布特征。

可以关闭所有窗口，再打开一个新的项目，调用 GRID100S 数据集（输入 grid100s，关键字为 PolyID）。开始创建两个 5 分位图（Map→Quantile，分类数为 5），一个是 ZAR09，一个是 RANZAR09，结果如图 3.141 所示。注意在左边的是与高度空间自相关相联系的特征聚集，右边为随机分布模式。

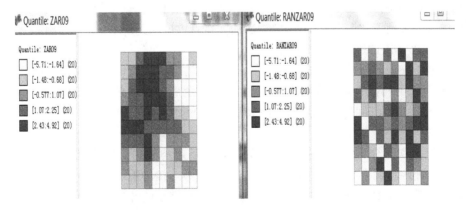

图 3.141　两个 5 分位图（ZAR09 和 RANZAR09）

在 GeoDa 主菜单中，选择 Explore→Histogram 调用直方图函数，或点击 Histogram 工具按钮。在变量设置对话框中，选择 ZAR09，这时结果会出现一个分类的直方图，如图 3.142（a）所示。利用变量 RANZAR09 重复这一过程，将产生图 3.142（b）。

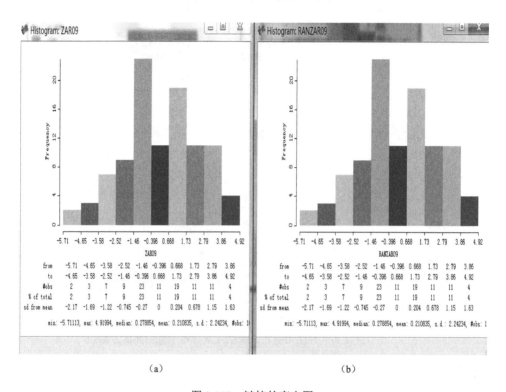

（a）　　　　　　　　　　　　　　（b）

图 3.142　链接的直方图

由图 3.141 的情况可知，对于正态分布情况，正态分布变量的直方图呈钟形形状；而对于随机分布的情况，随机值的变量会出现边缘的颜色渐变。

即使在图 3.143 表现出不同的空间模式，两个变量的直方图也是相同的。可以通过比较每一类别的观察点数目和类别数值范围来验证。换言之，这两个变量的唯一区别是变量值位于什么地方，而不是分布无空间特征。在 ZAR09 的直方图中选中最高的条（注意在另一个直方图中的分布如何变化），图 3.143 中相应的观察点也被高亮显示，这显示出 ZAR09 中最高值的位置与 RANZAR09 中是不同的。

在图 3.144 左边的面板中，被选中的区域产生直方图中的值，集中在上半部分分布。相反，在右侧面板中相同被选择的区域会产生大致呈全局分布的值（子直方图）。这意味着 ZAR09 可能存在局部空间聚集的情况，而 RANZAR09 不存在。

3. 案例 3

直方图用于探测分布的特征是很重要的，它可以影响空间自相关统计和空间回归的解释。特别是需要注意两个方面：一是出现"岛"，或不连接的观测点；另一个是双峰分布，有些位置有非常少（如一个）的邻居，而其他位置有非常多的邻居。

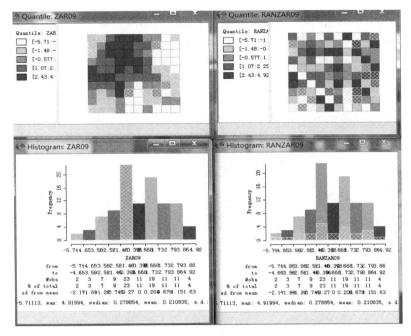

图 3.143　不同链接的直方图比较（1）

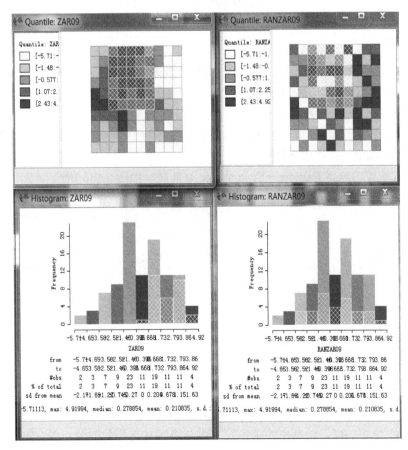

图 3.144　不同链接的直方图比较（2）

在某地区地图的旁边，直方图用邻居数量描述了位置的分布（每一类的观测点数量显示于相应条块的底端）。例如，左边第 2 条应有 2 个邻居的地区，点击直方图中的条块查找其在地图中的位置，或者在地图中选择一个位置，从直方图中查看其所有的邻居数量。如图 3.145 所示。

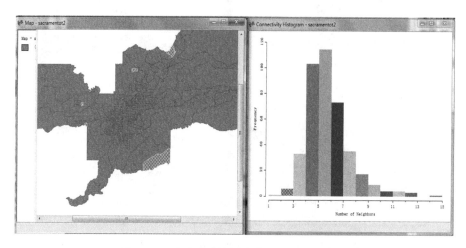

图 3.145　在分布示意图和直方图中相互查询

3.9.2　散点图

散点图（scatter plot）是一种以点的分布反映变量之间相关情况的统计图。根据图中各个点的分布走向和密度，可以大致判断变量之间的相互关系。根据反映变量的维度，可分为二维（2D）和三维（3D）两种。

案例 1：某市 78 个县 1984～1988 年凶杀案发生率与 1985 年资源贫乏指数的相关性。

打开 stl_hom.dbf，执行如下操作：

在 GeoDa 软件中选择 Explore→Scatter Plot 菜单项，如图 3.146 所示。

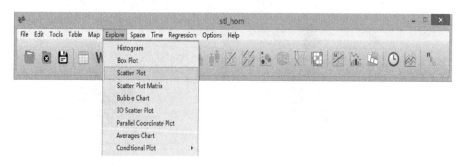

图 3.146　选择 Scatter Plot 菜单子项

在图 3.147 中，设置绘制散点图的两个轴变量：设置 RDAC85 为 X 轴，HR8488 为 Y 轴。点击"OK"之后，可以绘制出凶杀案发生率与资源贫乏指数的散点图，如图 3.148 所示。

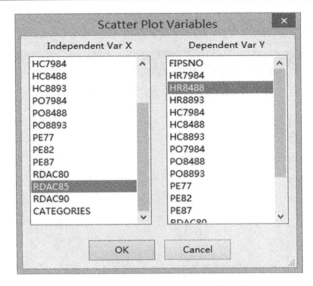

图 3.147　设置散点图的两个轴变量

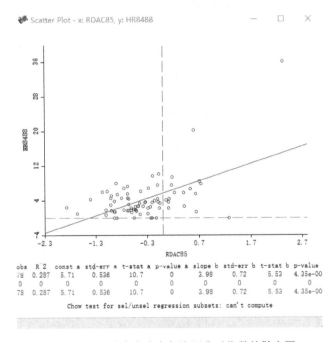

图 3.148　凶杀案发生率与资源贫乏指数的散点图

可以看出，散点图直观表现出影响因素和预测对象之间的总体关系趋势，可决定用何种数学表达方式来模拟变量之间的关系。散点图不仅可传递变量间关系类型的信息，也能反映变量间关系的明确程度。

案例 2：某市 78 个县 1979～1984 年凶杀案发生率与 1980 年资源贫乏指数的相关性。

以 HR7984（1979～1984 年杀人案发生率）作为 Y 变量，以 RDAC80（由人口统计变量构建的资源贫乏指数）作为 X 变量，绘制散点图，如图 3.149 所示。两者为正相关，高的资源缺乏程度与高的杀人案发生率间具有相关性。因为 RDAC80 有正值和负值，在 $X = 0$ 处画了一条垂线，如果所有变量为正值，就没有这条线。

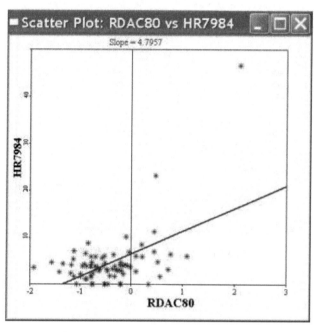

图 3.149　杀人案发生率与资源贫乏指数的散点图

在散点图中，选择 Scatter Plot→Standardized Data，这将散点图转变为相互关系图，其中的回归斜率相当于两个变量的相关系数，如图 3.150 所示。在该图中，两个轴变量已修改为标准差，所以超过 2 的观测值将被认为是异常值。

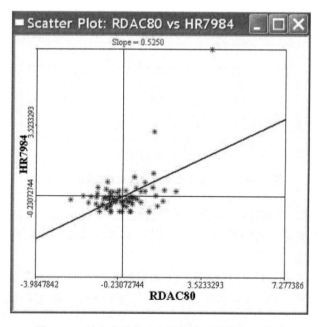

图 3.150　杀人案发生率与资源贫乏指数相互关系图

　　散点图中一个重要选项是剔除被选值后进行回归斜率的动态调整，在刷光（brushing）散点图时这一点非常有用。当与被选值动态变化相联系时，剔除被选值选项成为一个非常有用的探索工具，这被称为刷光，可以在 GeoDa 的任何窗口执行。

　　要在散点图中开始刷光，首先要确认 Exclude Selected 选项是打开的。在散点图中画一个小的选择矩形，按下"Ctrl"键，选择矩形会闪一下，这表明你开始刷光，这是动态改变选择的方法。这时矩形大小被固定，该矩形即为刷子，移动刷子，被选值会发生动态变化。如图 3.151（a）所示。从现在开始，当你移动刷子（矩形），选择会发生变化：一些点变回原来的颜色，一些点变为黄色。当继续这一过程，回归直线被迅速重新计算，反映不包含当前被选值的数据集的斜率。以这种方式，在多变量情况下，探索变量间的联系成为可能。

　　同样的方法，可以刷光地图。现在使地图成为活动窗口，以上面提到的方式建立一个刷子，结果如图 3.151（b）所示。矩形开始闪烁，显示刷子已经准备就绪。在地图上移动刷子时，被选中的值会变化。变化不仅发生在地图中，也会出现在散点图中。另外，当刷子在分布示意图上移动时，散点图会迅速重新计算。

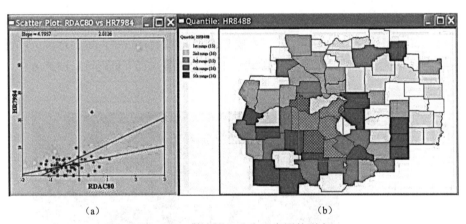

　　　　　　　　　　（a）　　　　　　　　　　　　　　　　　　　　（b）

图 3.151　散点图和分布示意图的刷光

　　探索多变量联系的最终方法是三维散点（或立方体）。选择 3D Scatter Plot 菜单项，打开三维散点图界面，如图 3.152 所示。

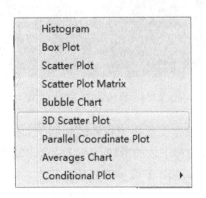

图 3.152　选择 3D Scatter Plot 菜单项

选择 3D Scatter Plot 菜单项后，将进入变量选择对话框。在下拉列表中，为 X 变量选择 CRIME，为 Y 变量选择 UNEMP，为 Z 变量选择 POLICE，如图 3.153 所示。

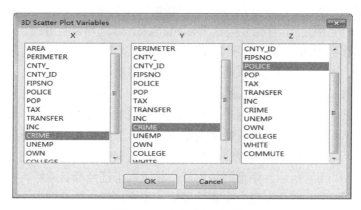

图 3.153　变量选择对话框

对三维散点图进行操作有多种方法。例如，在图 3.154 中任何部分点击，移动鼠标可以旋转图，右击可以缩放图。更重要的是，在窗口左边面板中有一些可用的选项。在面板顶部是 3 个复选框，功能是使三维散点图投影到一个面上。图 3.154 是旋转后的立方体，选中投影到 Z-Y 平面。

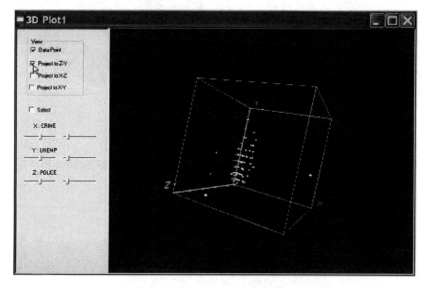

图 3.154　旋转后的三维散点图

可在左边面板中底部的选项定义选择形状和控制刷。勾选 Select 选项，图中将会出现一个红色立方体。移动变量名右边和下边的滑块，可以沿这一轴改变选择框的大小。如图 3.155 所示，选择框会随着滑块向右移动沿 X 维（CRIME）扩大。操作每一个变量的滑块，直到选择框有一个大的范围。这时可以旋转立方体，以更好地体会选择框在三维空间的位置情况。

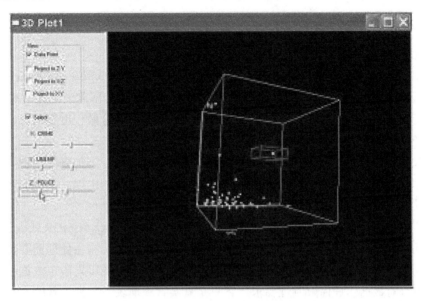

图 3.155 在三维散点图中选择移动形状

试着变化选择框的形状,移动选择框,会发现常旋转立方体是很有帮助的,这样可以看出选择框与点云图的关系。同样,也可以按住"Ctrl"键同时点击鼠标左键来直接移动选择框。三维散点图与所有其他地图和图表也是可以链接的。

然而在三维情况下,进行选择的更新与二维情况下稍有不同。与标准情况相比,更新是连续的,三维散点图中的选择是在每次鼠标停止移动时更新。云图中的色点将在其他图表中匹配相应的观测值,如图 3.156 的云图中,选中的点被高亮显示。在其他方面,三维散点图的刷光功能与二维情况是相似的。

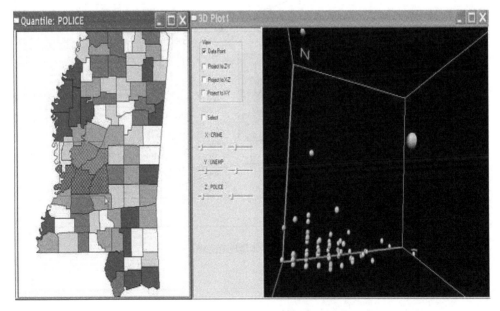

图 3.156 刷光与三维散点图链接

3.9.3　箱形图

1. 箱形图简介

箱形图（box plot），也称盒须图、盒式图或箱线图（box and whisker diagram），是一种用作显示一组数据分散情况的统计图，因形状如箱子而得名，由美国著名统计学家图基在 1977 年发明。箱形图可以粗略地看出数据是否具有对称性、分布的分散程度等信息，特别适合用于对几个样本的比较。

一批数据中的异常值值得关注，忽视异常值是十分危险的，不加剔除地把异常值包括在数据的计算分析过程中，会给结果带来不良影响；重视异常值的出现，分析其产生的原因，常常成为发现问题进而改进决策的契机。

箱形图可提供识别异常值的一个标准：异常值被定义为小于 $Q_1-1.5IQR$ 或大于 $Q_3+1.5IQR$ 的值。虽然这种标准有任意性，但它来源于经验判断，经验表明它在处理需要特别注意的数据方面表现不错。一方面，箱线图的绘制依靠实际数据，不需要事先假定数据服从特定的分布形式，没有对数据作任何限制性要求，它只是真实直观地表现数据形状的本来面貌；另一方面，箱线图判断异常值的标准以 4 分位数和 4 分位距为基础，4 分位数具有一定的耐抗性，多达 25% 的数据可以变得任意远而不会很大地扰动 4 分位数，所以异常值不能对这个标准施加影响，箱形图识别异常值的结果比较客观。由此可见，箱形图在识别异常值方面有一定的优越性。箱形图的结构如图 3.157 所示。箱形图的特点及作用包括以下几点。

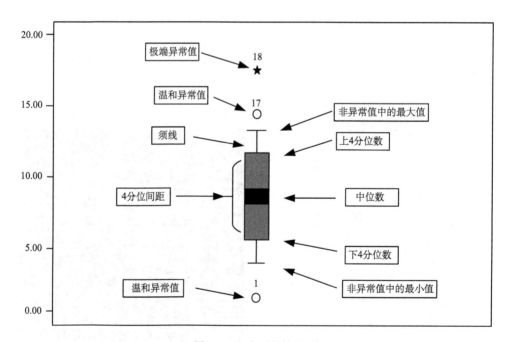

图 3.157　典型的箱形图

（1）五个统计量：最小值、上 4 分位数、中位数、下 4 分位数和最大值。

（2）可以直观明了地识别数据集中的异常值。

（3）利用箱形图可以判断数据集的偏态和尾重。

（4）利用箱线图可以比较几组数据的形状。

2. 箱形图示范案例 1

利用箱形图绘制某州 100 个县 1974 年婴儿出生情况。

首先在 GeoDa 软件中，选择 Explore 菜单中的 Box Plot 子项，如图 3.158 所示。

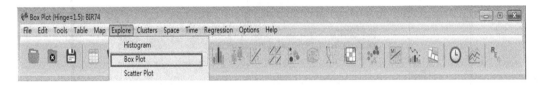

图 3.158　选择 Box Plot 菜单子项

然后设置绘制箱形图需要的变量，这里选择 BIR74，如图 3.159 所示。

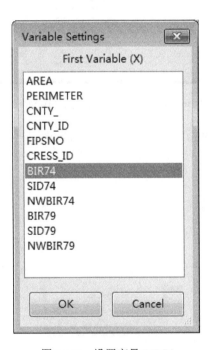

图 3.159　设置变量 BIR74

点击 "OK" 后，产生的箱形图如图 3.160 所示。Hinge 在默认情况下为 1.5。可以在该箱形图中点击右键，修改 Hinge 等参数值，如图 3.161 所示。若把 Hinge 的值修改为 3.0，则产生的箱形图如图 3.162 所示。

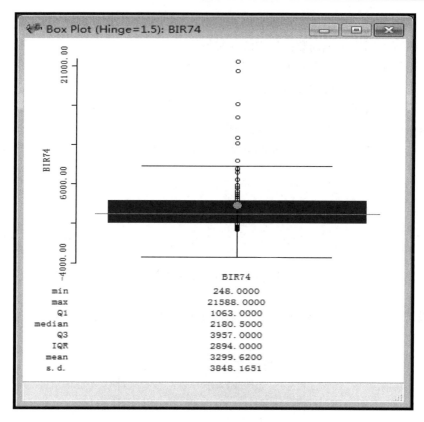

图 3.160　BIR74 变量的箱形图（Hinge=1.5）

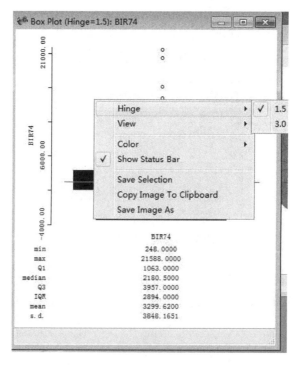

图 3.161　在箱形图中修改设置参数

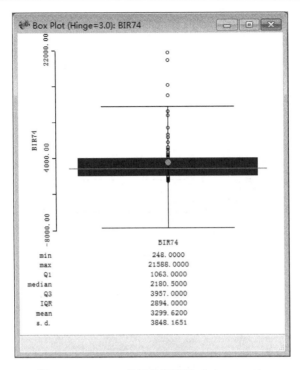

图 3.162　BIR74 变量的箱形图（Hinge=3.0）

在本案例中，箱形图的结构形式如图 3.163 所示。

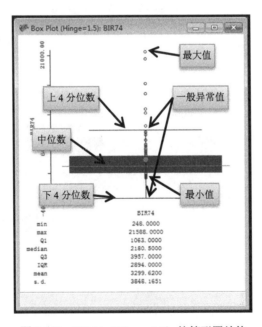

图 3.163　BIR74（Hinge=1.5）的箱形图结构

可以在分布示意图和箱形图之间实现相互链接显示。在箱形图中任意选择 3 个数据点，如图 3.164 所示。这时可以在某州 100 个县 1974 年婴儿出生情况的分布示意图中，显示出

图 3.164 所选择的这 3 个数据点的位置（图 3.165）。

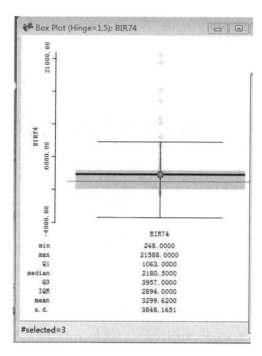

图 3.164　在箱形图中任意选择 3 个数据点

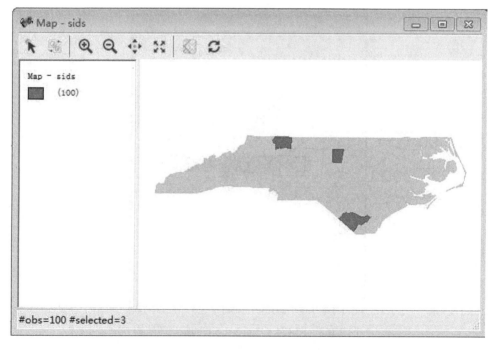

图 3.165　突出显示某州 1974 年婴儿出生情况中的 3 个数据点

3. 箱形图示范案例 2

（1）打开样本案例 stl_hom.shp 杀人案数据文件（以 FIPSNO 为关键字），会显示某市所包含的 78 个县的地图，如图 3.166 所示。

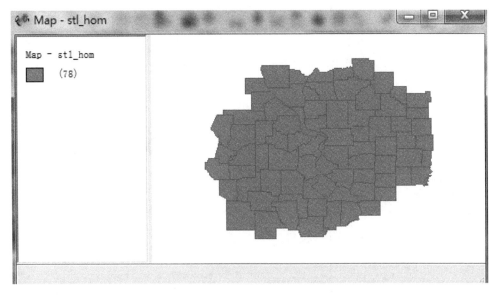

图 3.166　某市 78 个县分布示意图

（2）制作箱形图。从软件主菜单中选择 Explore→Box Plot，启动箱形图菜单，或点击箱形图热键按钮。如图 3.167 所示。

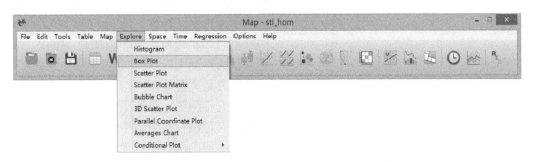

图 3.167　在主菜单中选择绘制箱形图

然后在对话框中选择变量 HR8488（1984～1988 年杀人案发生率）。

Hinge 标准决定在被分为离群值前，什么样的数据需要被认定为极端值。它可以从菜单选项通过选择 Option→Hinge 来改变（图表上右击选择 Hinge 可以选择 1.5 和 3.0），如图 3.168 所示。若选择 3.0 为新的标准，会观察到离群值的数目减少为 2。

设定好 Hinge=1.5 后，在变量选择对话框中，点击"OK"，则创建箱线图，如图 3.169 所示。

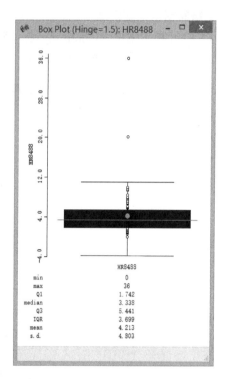

图 3.169　Hinge=1.5 的箱形图

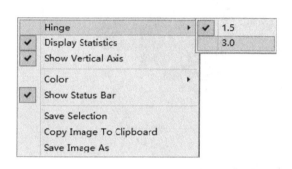

图 3.168　设置 Hinge 的值

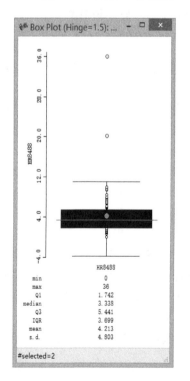

图 3.170　箱形图、箱形图分布示意图和数据表的
链接（1）

在图 3.169 中，矩形代表变量的累积分布，按值排序。中间的红条与中值相对应，黑色部分表明分位距（25%~75%）。第一和第四分位的观测值显示为蓝色点。细线是 Hinge，对应于默认的标准 1.5。这表明对于这一变量，有 6 个被认为是离群值。

（3）箱形图、箱形图分布示意图和数据表的链接。可以在箱形图中通过点击或左键拖出的选择矩形来选择某些观测点。这些选择会通过链接机制立即在所有的窗口中打开。

例如，确认已打开的数据表和分布示意图。在箱形图中拖拉选择一个矩形，选择离群值，如图 3.170~图 3.172 所示。

注意被选中的县如何在分布示意图及表格中被高亮显示。可以使用 Promotion 来使表格中选中的县出现在表格顶部。相似地，也可以在表格中选择行，看它们在箱形图（或其他图）中位于哪里。如图 3.171 和图 3.172 所示。

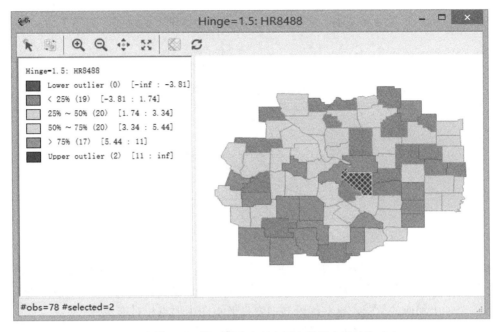

图 3.171　箱形图、箱形图分布示意图和数据表的链接（2）

图 3.171 中矩形框选中的属性数据情况，可在图 3.172 中突出地显示出来。

	NAME	STATE_NAME	STATE_FIPS	CNTY_FIPS	FIPS	FIPSNO	HR7984	HR8488
40	St. Louis Cit	Missouri	29	510	29510	29510	46.574796	36.000126
46	St. Clair	Illinois	17	163	17163	17163	22.983237	20.158470
1	Logan	Illinois	17	107	17107	17107	2.115428	1.290722
2	Adams	Illinois	17	001	17001	17001	4.464496	2.655839
3	Menard	Illinois	17	129	17129	17129	4.307312	1.742433
4	Cass	Illinois	17	017	17017	17017	2.258866	1.437029
5	Brown	Illinois	17	009	17009	17009	5.935246	0.000000

\#obs=78 \#selected=2

图 3.172　箱形图、箱形图分布示意图和数据表的链接（3）

3.9.4　平行坐标图

平行坐标图（parallel coordinate plot，PCP）可以用可视化方式表现超高维数据，是一种将高维"点"映射为二维平面"折线"的可视化技术。

平行坐标图的特点及作用：平行坐标图具有良好的数学基础，其映射几何解释和对偶特性使它很适合用于可视化数据分析。

平行坐标图的表达方式说明如下：为了表示 n 维空间的坐标，在二维平面上构建 n 条平行且等距的直线（水平或垂直）。对这 n 条直线分别选取它们的正向，使它们成为坐标轴 O_1X_1，O_2X_2，$\cdots$，O_nX_n，这 n 条坐标轴顺序的相对位置是相互平行的。

四维空间上的一个点 A（1，4，2，3）映射到 O_1X_1 轴上为 1，将其取作 A_1 点；O_2X_2 轴上为 4，将其取作 A_2 点；O_3X_3 轴上为 2，将其取作 A_3 点；O_4X_4 轴上为 3，将其取作 A_4 点。连接 A_1、

A_2、A_3、A_4 点构成折线 $A_1A_2A_3A_4$，它就是 A 点在平行坐标轴上的映射，如图 3.173 所示。

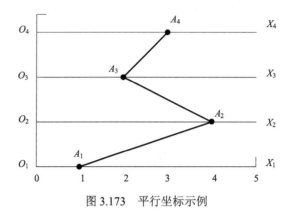

图 3.173   平行坐标示例

多变量比较中要考虑每一个变量都成为一个平行坐标轴（与散点图的轴是正交的）。在每一个轴上，变量的观测值是从最低（左）到最高（右）。多变量被表示成一系列的线段，连接在每一个轴上相应的位置。这些线段与多变量散点图中的点相对应。

案例：打开已创建过的 POLICE 地图，点击"Parallel Coordinate Plot"工具按钮，将 POLICE（治安情况）、CRIME（犯罪率）、UNEMP（失业率）三个作为变量做平行坐标图，如图 3.174 所示。

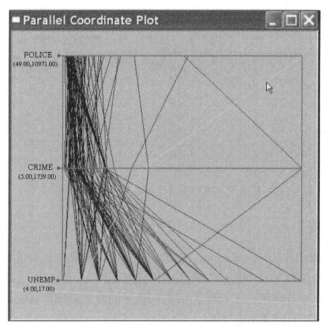

图 3.174   平行坐标图

可以改变轴的顺序来更详细地关注两个变量的联系。在图 3.174 中，在 UNEMP 旁边的小点上点击，向上移动，当到达中间轴的位置时放开，这时 CRIME 和 UNEMP 的变量轴会交换位置，如图 3.175 所示。在图 3.175 中，每一个变量已经重新调整过，最小值在左端，最大值在右端。随着数值的增加，观测值从左向右排序，相对于观测值变程（最大值与最小值之差）进行定位。

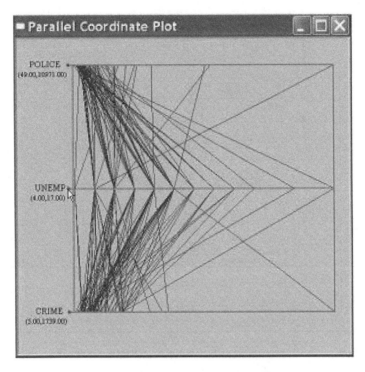

图 3.175　调整过坐标轴的平行坐标图

平行坐标图同样可以进行刷光。可用刷光图来查找表现出相同模式的线段，查找它们在地图中的位置，也可以得到案例数据表中各县的名称（在 Table 中使用 Promotion 选项，可更容易地找到被选中的观测值）。在图 3.175 中，选择刷沿 POLICE 轴移动，一些线段服从相同的模式，另一些线段却并不相同。同样的方法，可以沿着其他的轴刷光来探索潜在的数据聚集情况。

3.9.5　条件图

本例仍然使用 3.9.4 节中的 POLICE 数据来探索多变量模式。在本例中，将这些轴变量称为 XCOO 和 YCOO。一个条件图由 9 个小图组成，每一个都是观测数据的一个子集。以两个变量的某段范围值来得到这些子集。每个变量值分解为 3 部分来定义子集（共 9 对间距），如图 3.176 所示。

在 GeoDa 软件的主菜单中选择 Explore，然后再选择 Conditional Plot，开始条件图制作。在变量设置对话框中，为第一个条件变量（对话框中的 X 变量）选择 XCOO，第二个条件变量（Y 变量）选择 YCOO。即 POLICE 为散点图中的 Y 轴变量（变量 1），CRIME 为 X 轴变量（变量 2），如图 3.176 所示。

类似地，也可以绘制基于条件的三维散点图，如图 3.177 所示。

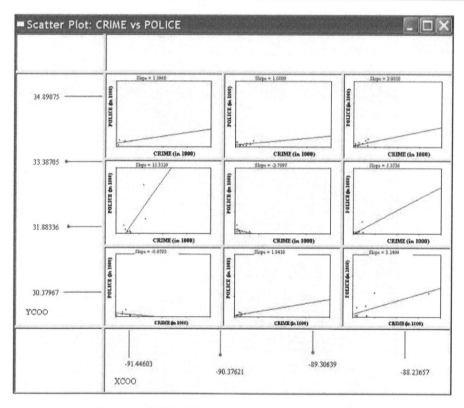

图 3.176　条件散点图（POLICE、CRIME、UNEMP）

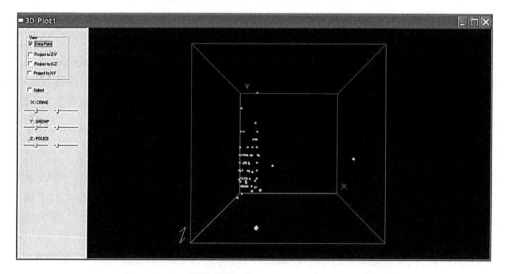

图 3.177　三维散点图（POLICE、CRIME、UNEMP）

3.9.6　统计地图

　　统计地图是高亮显示地图中极端值的又一种方法。GeoDa 生成一种圆圈统计地图，原始的空间单元被圆圈所代替。圆圈的面积与被选变量的值是成比例的。圆圈本身尽可能以非线性最优原则，紧密地排列在相匹配的空间单元的原始位置。如同其他地图的产生一样，统计地图可以从地图菜单产生，或右键单击任一打开的地图，从其下拉列表中调用统计地图的功能产生。

案例：首先打开一个变量选择对话框，选择 APR99PC 创建统计地图，如图 3.178 所示。该统计地图以不同的颜色从其余的圆圈中高亮显示离群值（上离群值为红色，下离群值为蓝色）。

注意图中统计地图与箱形图之间的相同点。圆圈的位置是一种迭代非线性方法的结果，在必要时可以重新定义。在统计地图中右击鼠标，选择 Improve Cartogram With→1000 Iteratives。短暂时间后，圆圈会出现跳动，出现一个稍有不同的排列。

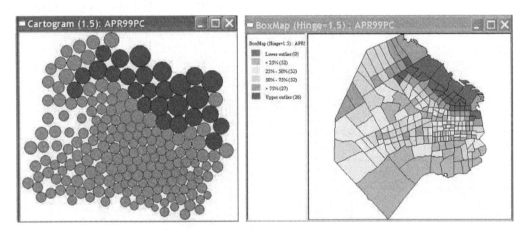

图 3.178　Hinge=1.5 的 APR99PC 统计地图和箱形图

另外，注意统计地图中关于 Hinge 的其他选项。因为统计地图高亮显示离群值的方法与箱形图相同，可以用这一选项改变 Hinge 标准，如改变 Hinge 为 3.0，可以比较所示的箱形图的结果。

3.10　案例数据介绍与图表操作概要

样本集中的 SIDS 数据来自于 Cressie（1993）的空间数据统计学。它包含了某州的 100 个县两个年代 SIDS 的死亡人数，分别表示为 SID74 和 SID79。另外也有每个县的出生人口数（BIR74、BIR79）和一个子数据集，还有非白种人出生人口数（NWBIR74、NWBIR79）。各个县的 FIPS 码、area（面积）、perimeter（周长）。

要新建两幅 4 分位图，比较非白种人在 1974 年（NWBIR74 和 SID74）出生人数与 SIDS 死亡人数的空间分布。执行如下操作进行练习。

（1）点击 Open→Input File，选择 sides2.shp。

（2）点击 Table，这里会涉及表格各个属性：Area（面积）、Perimeter（周长）、Name（城市名称），以及 BRI74、NWBIR74、SID74、BRI79、NMBIR79、SID79。

（3）产生 4 分位图（1974 年出生率），简化的步骤是：Map→Quantile Map→4→BIR74 和 SIDS74→生成两张 4 分位图。

（4）选中 Map，可以实现反向选择、放大、缩小、移动、恢复，以及不同底图（base map）添加与删除。

（5）在地图中选择和链接观测对象：链接两张图。

目前为止这些地图还是"静态的"。动态地图的意思是可以在不同地图之间选择某一地图，并链接所选择的地图。当多幅地图同时在使用，选择其中一幅地图中的县时，所有地图中的相同县都会被选中。简化的步骤如下：BIR74→地图上右击选择 selection shape→circle→选择县。

（6）制作动画地图：选择 Map→Map Movie，出现如图 3.179 所示对话框。标题为 Animation（动画）；Loop 为设置为循环，Reverse 为反向播放；Cumulative 为累计频率的设置项，即显示的地图是一次显示一个县，还是显示的县是累计叠加的；中间是滑块，显示动画播放的进度，播放之前的县是白色的，已经被显示的县是彩色的。

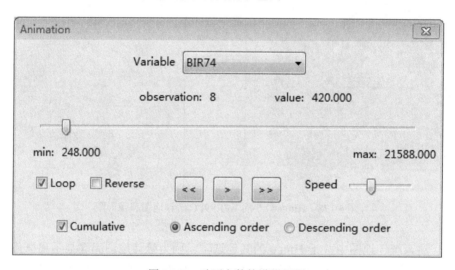

图 3.179　动画参数的设置界面

对应上述地图可进行如下操作。

（1）高亮显示表格。点击 Selection Shape→Circle，随机选择一些县，看到表上面也高亮显示了选中的县。

若想把高亮的县集中到表格顶端：点击 Table→Move Selected to Top。若反向选择：点击 Table→Invert Selection。若清除选中的县：点击 Table→Clear Selection，或者直接点击地图空白的位置。

（2）字段数据的排序：双击表格字段，">"表示升序，"<"表示降序，双击表格左上角空白位置，恢复原来顺序。

（3）创建新变量：点击 Table→Add Variable，或者在表格处直接右键单击鼠标，选择 Add Variable，在增加属性对话框中添加：name（名称）、type（类型）、insert before（选择新变量的位置）、length（长度）、decimals（小数位数）和 displayed decimals places（显示的小数位），也可以直接在表格的新变量里面编辑。

（4）编辑变量：若属性信息不正确，则点击 Table→Edit Variable Properties，选择修改即可。

（5）计算：若计算 sids 死亡率，即计算死亡人数与出生人口数的比值，简要的步骤如下：在数据表中右键单击鼠标，在出现的菜单中点击 Calculator，再选择比率运算 Rates，在 Result 中选择刚刚新建的变量，Event Variable（事件变量）设为 SID774，Base Variable（基本变量）设为 BIR74。

3.11　GeoDa 软件应用案例

3.11.1　利用 GeoDa 实现面数据空间综合分析

通过对某省各地区城镇与农村人口数量、三类 GDP 的增量变化进行一定的空间分析，探讨人口与经济发展的关系以及城镇、农村人口在各类经济发展中的作用。

3.11.2　建立权重矩阵

创建权重矩阵时，有 Rook 与 Queen 两种方法。Rook 以上下左右定义邻近关系，Queen 在此基础上再加上对角线。高阶 Order 的邻近关系表向四周辐射，扩大邻近范围，可以选择包括低阶或不包括（亦即以同心圆方式向外扩张，定义邻近关系，但中间为空心）。

在 GeoDa 中通过点击 Tools→Weights→Create 来建立权重矩阵。

第一产业增量（ADDFSTGDP）分布：点击 Map→Std Dev（标准差地图），即生成相关的 ADDFSTGDP 分布状况图，如图 3.180 所示。

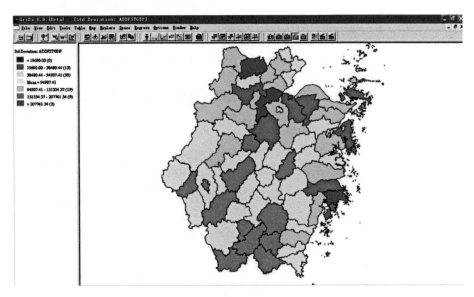

图 3.180　第一产业增量（ADDFSTGDP）分布示意图

利用同样的方法，点击 Map→Std Dev（标准差地图），产生第二产业增量（ADDSCNDGDP）分布示意图，如图 3.181 所示。

同样地，点击 Map→Std Dev（标准差地图），产生第三产业增量（ADDTHRDGDP）分布示意图，如图 3.182 所示。

点击 Map→Std Dev（标准差地图），产生城镇人口（TOWNPOP）分布示意图，如图 3.183 所示。

　　同样地，点击 Map→Std Dev（标准差地图），产生农村人口（RURALPOP）分布示意图，如图 3.184 所示。

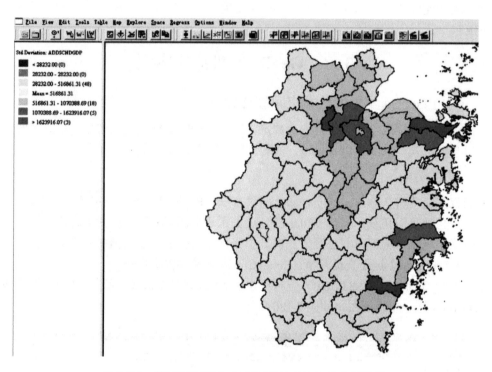

图 3.181　第二产业增量（ADDSCNDGDP）分布示意图

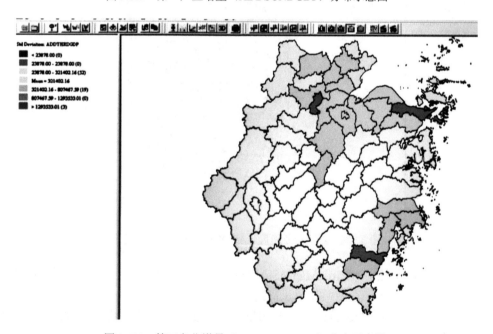

图 3.182　第三产业增量（ADDTHRDGDP）分布示意图

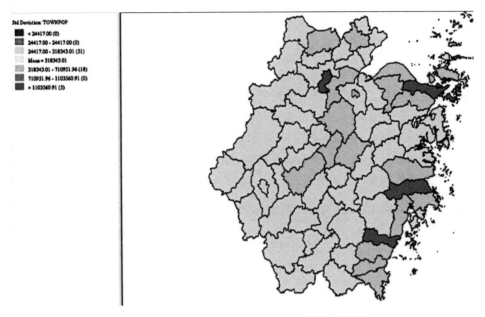

图 3.183　城镇人口（TOWNPOP）分布示意图

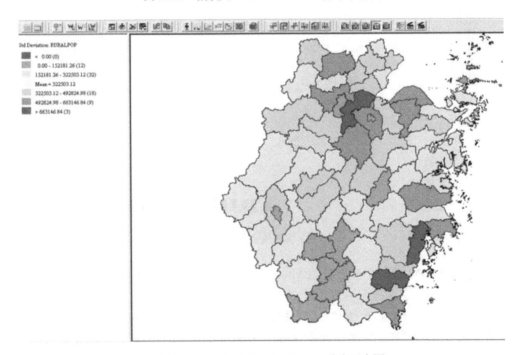

图 3.184　农村人口（RURALPOP）分布示意图

3.11.3　全局的空间关联性分析

　　空间自相关的根本出发点是基于地理学第一定律，指一个区域分布的地理事物的某一属性和其他所有事物的同种属性之间的关系。空间自相关的基本度量是空间自相关系数，由空间自相关系数来测量和检验空间物体及其属性是高高相邻分布还是高低间错分布。其中空间正相关性是指空间上分布邻近的事物其属性也具有相似的趋势和取值，空间负相关性指空间上分布邻近的事物其属性具有相反的趋势和取值。

3.11.4　基于单变量的空间自相关分析

选取指标的目的是刻画空间自相关性，具有此功能的指标较多，而通常使用 Moran's I 作为空间自相关性指标。该系数是用来衡量相邻的空间分布对象及其属性取值之间的关系的参考参数。系数取值范围为–1～1，正值表示该空间事物的属性分布具有正相关性，负值表示该空间事物的属性分布具有负相关性，0 表示该空间事物的属性分布不存在相关性。

在加入相关权矩阵之后，选择 Space→Univariate Moran，即可调出相关的菜单命令，产生的空间自相关结果如图 3.185 所示。

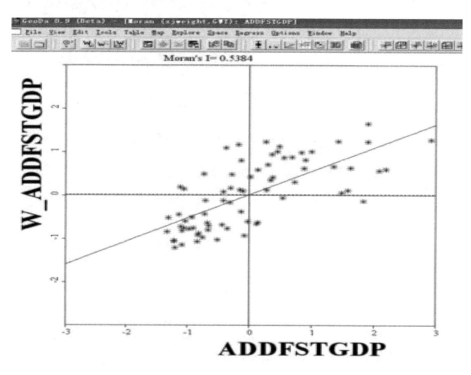

图 3.185　案例的空间自相关结果

计算得到的 GDP 第一产业增量的 Moran's I 系数为 0.5384，说明某省各县、市的 GDP 第一产业增量在空间上存在正相关性。

具体检验空间自相关显著性时，运用蒙特卡罗模拟的方法来检验 Moran's I 系数的显著水平。具体操作是通过在主菜单中选择 Option→Randomization→999Permutations 菜单命令实现的。产生的运行结果如图 3.186 所示。

对应的 p 值等于 0.0010，说明在 99.9%置信度下第一产业 GDP 增量的空间自相关性是显著的。同样地，可以得到第二产业 GDP、第三产业 GDP、城市人口以及农村人口的 Moran's I 指数，以及运用蒙特卡罗模拟的方法来检验这些 Moran's I 指数的显著水平。具体检验情况如表 3.1 所示。

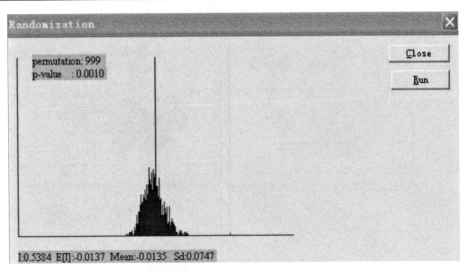

图 3.186　检验 Moran's I 指数的显著水平

表 3.1　Moran's I 指数显著水平的检验情况

指数	第一产业 GDP	第二产业 GDP	第三产业 GDP	城市人口	农村人口
Moran's I	0.5384	0.2842	0.116	0.0997	0.1605
置信度/%	99.9	99.6	95.8	94.1	98.5

　　总体而言，第一产业 GDP 增量和第二产业 GDP 增量空间分布的相关性强，地理位置分布集中，这是由于第一、第二产业受到经济发展水平的强烈影响，而某省中西部发展不平衡的状况，造成了研究区内经济发展水平的差异，从而造成第一、第二产业集中发展的现状。

3.11.5　局部空间关联性分析

　　全局的空间相关性分析一般侧重于研究区域空间对象某一属性取值的空间分布状态，而栅格数据分析的另外一个重点在于分析空间对象属性取值在某些局部位置的空间相关性（即局域空间对象的属性取值）对全部分析对象的影响。局部空间关联性分析是由全局空间相关性分析向局域或单个空间研究对象分解而来的，目的在于分析某一空间对象取值的邻近空间聚类关系、空间不稳定性及空间结构框架。特别是当全局相关性分析不能检测区域内部的空间分布模式时，空间局域相关性分析能够有效检测由空间相关性引起的空间差异，判断空间对象属性取值的空间热点区域和高发区域等，从而弥补全局空间相关性分析的不足。

　　局部分析某省各县（市）的第一产业 GDP 增量、第二产业 GDP 增量和第三产业 GDP 增量，具体的操作方法是，点击 Space→Univariate LISA 菜单。局部分析各县（市）第一产业、第二产业、第三产业 GDP 增量而得到的显著性水平图和增量聚类图，如图 3.187 所示。

　　由图 3.187 中的显著性水平图可以看出，GDP 第一产业增量的显著性水平较高，黑色区域为 GDP 增量高的县市，浅灰色表示 GDP 增量低的县。

第一
产业
GDP

第二
产业
GDP

第三
产业
GDP

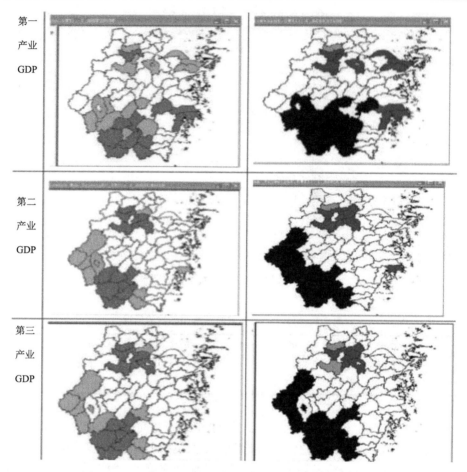

图 3.187　三个产业 GDP 增量的显著性水平图和增量聚类图

　　对比第二产业和第三产业的增量聚类图可知，第三产业 GDP 增量与第二产业 GDP 增量的聚类分布图十分相似。

　　从图 3.188 可知某省西南地区的城镇人口和农村人口聚集程度比较低。城市人口在省会及周边地带比较聚集，比较符合某省的实际情况。但是该省两个大的沿海城市同样聚集了大量的城镇人口，在这之中却没有反映出来。

　　从以上 GDP 增量和人口的局部分析可以看出，某省西南地区的经济条件相对落后，省会及周边地区形成了一个区域性的经济增长圈，Moran's Ⅰ指数能够很好地反映出来。而两个大的沿海城市，由于其经济水平相比周围区域要高很多，Moran's Ⅰ指数不能反映出这两个市的经济状况，但全局分析指数能够很好地反映出来，并且 Moran's Ⅰ指数对于高聚类和高离散的区域反应很灵敏。

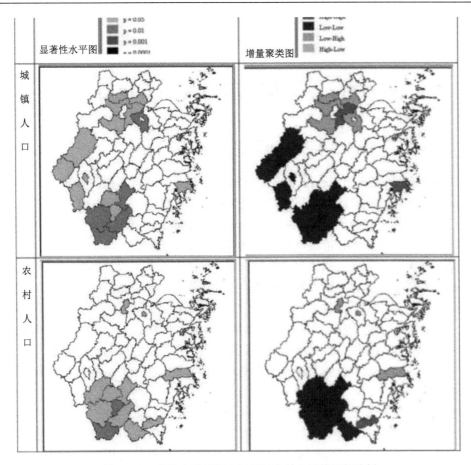

图 3.188　各县市的城镇人口以及农村人口的局部分析

3.12　小　　结

GeoDa 与其他空间处理软件相比，在结果展示方面有很大的优势。GeoDa 包含多种图形的处理和展示功能，使用户能够一目了然地得到处理结果，并能够很好地展示出来。但是 GeoDa 不同的版本有不同的操作方式和不同的工具条，且没有最新版的免费版，因此很多的 GeoDa 功能不能使用。

GeoDa 在国内常用于经济学，但是该软件也可充分地应用到地理学的其他分支学科，如经济地理学。如果把 ArcGIS 强大的空间分析功能与 GeoDa 的图表功能相结合，将会发挥出更大的作用。

第 4 章　WinBUGS 软件简介与应用

4.1　WinBUGS 软件简介

WinBUGS（Bayesian inference using gibbs sampling）是英国剑桥生物统计学研究所的 MRC Biostatistics Unit 推出的，用马尔可夫链蒙特卡罗（MCMC）方法进行贝叶斯推断的专用软件包。其基本原理就是通过 Gibbs sampling 和 Metropolis 算法，从完全条件概率分布中抽样，从而生成马尔可夫链，通过迭代，最终估计出模型参数。

该软件可方便地对许多常用或复杂模型（如分层模型、交叉设计模型、空间和时间作为随机效应的一般线性混合模型、潜变量模型、F 脆弱模型、应变量的测量误差、协变量、截尾数据、限制性估计、缺失值问题）和分布进行 Gibbs 抽样，还可用简单的有向图模型（directed graphical model）进行直观的描述，并给出参数的 Gibbs 抽样动态图，用 Smoothing 方法得到后验分布的核密度估计图、抽样值的自相关图及均数和置信区间的变化图等，使抽样结果更直观、可靠。Gibbs 抽样收敛后，可很方便地得到参数后验分布的均数、标准差、95%置信区间和中位数等信息。

WinBUGS 软件是基于贝叶斯理论（Cheng et al., 2012）而研发的统计软件，因其具有定位样本分布直接准确、结果解释更加可靠等优点，再结合 WinBUGS 软件全编程语言的灵活性的特点（Cipoli et al., 2012; Lim et al., 2013），在各种数据统计分析中广泛应用，其中包括诊断准确性试验 Meta 分析（Walusimbi et al., 2013; Leeflang, 2014）。

MCMC 方法是非常流行的贝叶斯计算方法，最重要的软件包就是 BUGS 和 WinBUGS。WinBUGS 是在 BUGS 基础上开发的面向对象交互式的 Windows 软件版本，最早出现于 1989 年，目前最新版本为 1.4.3。WinBUGS 提供了图形界面，允许通过鼠标点击直接建立研究模型。

WinBUGS 软件具有以下特点。

（1）同类分析软件中它做得最好。在处理 Spatial data 的方面，它采用了 Gibbs 抽样和 MCMC 的方法；在模型支持方面又具有极大的灵活性。名声大噪的 GeoR 包虽然也实现了贝叶斯的手法，但是灵活性还是不及 WinBUGS。

（2）有各种 R 包为 WinBUGS 实现了针对 R、SPLUS、Matlab 的软件接口。

（3）有详细的文档、帮助、指导、范例。

4.2　WinBUGS 基本功能

通过 Help 子菜单的用户手册（WinBUGS User Manual）可了解 WinBUGS 相关原理及部分子菜单的弹出界面，如图 4.1 所示。

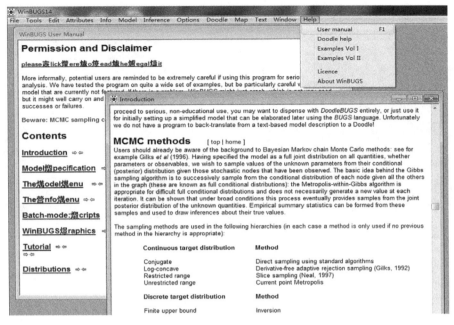

图 4.1　WinBUGS 界面及其简介

Help 子菜单下的 Doodle help 详细介绍了 Doodle 模型（图 4.2）。Doodle 菜单下可实现模型中节点、箭头和平板的创建、删除等（图 4.3）。

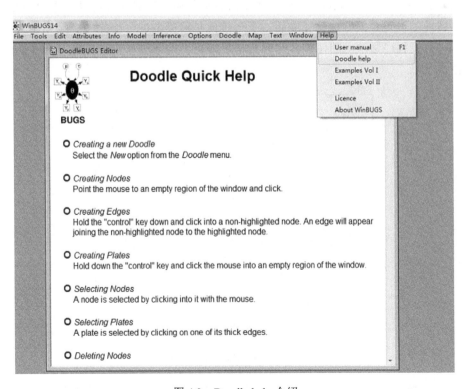

图 4.2　Doodle help 介绍

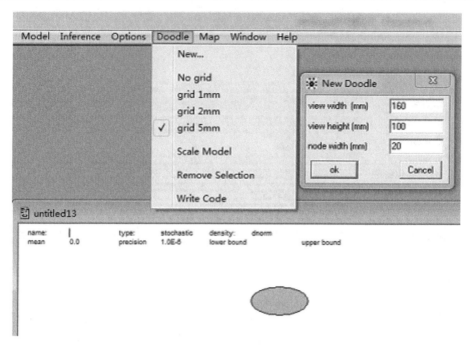

图 4.3　Doodle 模型菜单

　　Doodle 模型中的每个节点都含有特定的属性，如名称、类型、分布或逻辑函数的定义等。

　　如图 4.4 所示，利用 Doodle 菜单，在窗口中输入相应的参数就可以构建 Doodle 模型，并完成各属性的设置。模型构建完成后，下一步就是对模型进行检验，检验 WinBUGS 对它是否识别、有无程序语法上的错误。检验合格后即可对数据进行定义与输入，以及模型编译和初始值设定。

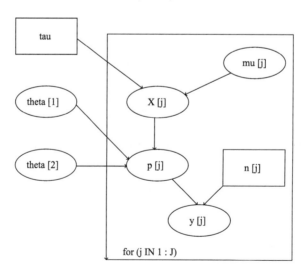

图 4.4　Doodle 模型的构建

　　此外 Help 菜单下的 Examples Vol 子菜单提供了 36 个经典案例的具体介绍，包含案例背景介绍、数据、运算公式、运行代码等相关信息。经过调试可以运行这些案例。

4.2.1　文件菜单

文件菜单包含如下菜单项：①新建文件；②打开文件；③保存；④另存为；⑤关闭；⑥页面设置；⑦打印；⑧发送文件；⑨发送注释；⑩退出。如图 4.5 所示。

4.2.2　工具菜单

工具菜单包含如下菜单项：①文件大小；②插入对象链接和嵌入；③插入标注；④插入计时器；⑤添加照片卷轴；⑥移除照片卷轴；⑦创建链接；⑧创建目标；⑨创建折叠；⑩全部展开；⑪全部折叠；⑫折叠；⑬文档编码；⑭选择编码；⑮文件编码；⑯文件清单编码；⑰译码；⑱编码材料。如图 4.6 所示。

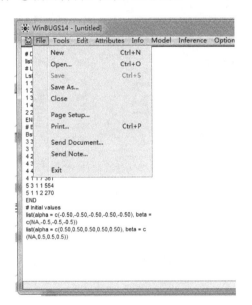

图 4.5　文件菜单　　　　　　　　　　　　　　图 4.6　工具菜单

4.2.3　编辑菜单

编辑菜单包含如下菜单项：①撤销；②恢复；③剪切；④复制；⑤粘贴；⑥删除；⑦粘贴对象；⑧选择性粘贴；⑨粘贴到窗口；⑩插入对象；⑪对象预设；⑫对象；⑬选择文件；⑭全选；⑮选择下一个对象；⑯预设。如图 4.7 所示。

4.2.4　属性菜单

属性菜单包含如下菜单项：①常规；②加粗；③倾斜；④下划线；⑤字号（8～24）；⑥默认颜色（黑、红、绿、蓝）；⑦默认字体；⑧字体；⑨字型。如图 4.8 所示。

4.2.5　模型菜单

模型菜单包含如下菜单项：①详述；②更新；③监控 Met；④保存状态；⑤种子；⑥脚本。如图 4.9 所示。

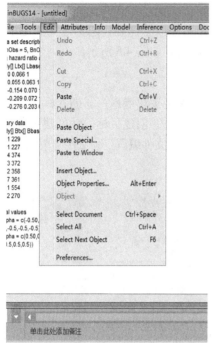

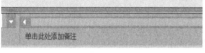

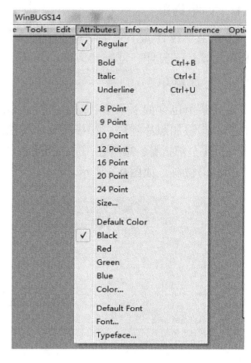

图 4.7　编辑菜单　　　　　　　　　　　　　　图 4.8　属性菜单

4.2.6　推理菜单

推理菜单包含如下菜单项：①采样；②对比；③关联；④总结；⑤排列；⑥DIC 值（DIC 值用来比较模型的优劣）。如图 4.10 所示。

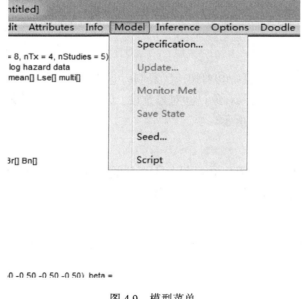

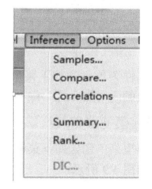

图 4.9　模型菜单　　　　　　　　　　　　　　图 4.10　推理菜单

4.2.7　文本菜单

文本菜单包含如下菜单项：①查找/替换（对于查询到的内容以高亮显示）；②上标；③下标；④插入段落；⑤插入刻线板；⑥插入软连字符；⑦插入非 Brk 连字符；⑧插入非 Brk 空间；⑨插入数字空间；⑩显示标志；⑪默认属性；⑫默认刻线板。如图 4.11 所示。

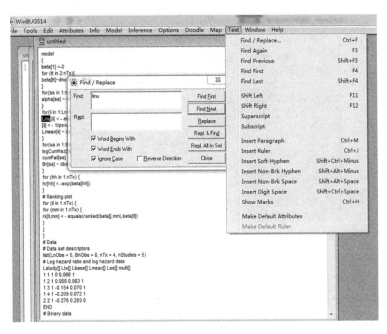

图 4.11　文本菜单

4.2.8　窗口菜单

窗口菜单栏下可显示当前已打开的窗口、创建新窗口、缩放单个窗口、排列窗口顺序等。如图 4.12 所示。

同时，在屏幕左下角也可以进行窗口菜单下的部分操作。如图 4.13 所示。

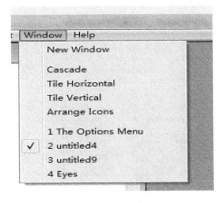

图 4.12　Window 菜单栏

图 4.13　Window 菜单操作

4.2.9　地图菜单

地图菜单中有地图工具配置界面，如图 4.14 所示。

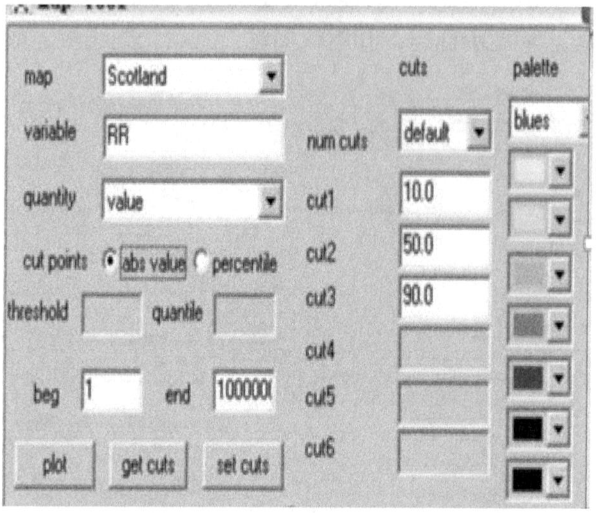

图 4.14　Map 工具配置界面

这时，打开 Map→Mapping Tool 菜单，如选择 Scotland 这张地图，在 variable 中填模型参数，设置分割点和地图模板，点击 "plot" 画图即可。

WinBUGS 还提供了一些小工具，如 Map→Adjacency Tool→Adjacency Map 用来查看邻接图，并设置 show region。如图 4.15 所示。

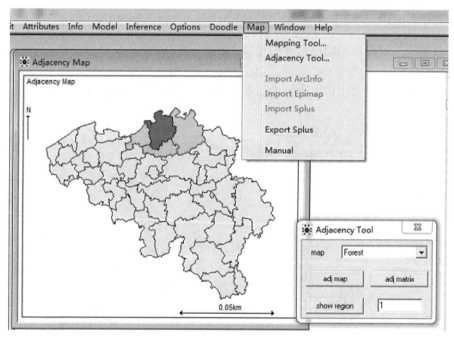

图 4.15　查看邻接图

GeoBUGS 是 WinBUGS 的一个模块，专门用来分析空间数据。点击 Map→Manual，打开相关案例，这里简要介绍一个。在杜克森林，用一个 140m×140m 的研究图形调查分析山胡桃树（一个隐性的物种）的空间分布（图 4.16）：空间聚类将揭示亚优势种是渐渐退去的，或从侵入到从干扰中恢复稳定，或不受干扰的最近的状况。

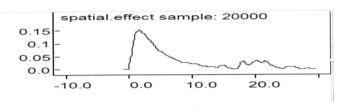

图 4.16　山胡桃树的空间聚类状况

4.3　WinBUGS 操作简介

4.3.1　WinBUGS 操作流程

首先，打开软件主界面，点击 File→New，即可根据研究内容创建模型。WinBUGS 软件建模后，需构建其相应的数据结构，具体的数据结构应与模型结构相对应。主要的操作流程如下：

（1）运行 WinBugs，开启新的程序编辑窗口。

（2）撰写程序。

（3）执行程序。

（4）监控感兴趣的参数。

（5）更新模型。

（6）显示模拟值。

4.3.2　撰写程序的三个部分

（1）确定模型基本结构（Check model）：确定贝叶斯统计模式，设定各参数的先验分布及各参数间的关系等。

（2）加载数据（Load Data）：由 List 指令开始，列出各参数的样本观察值及样本个数（N）。

（3）模型初始化参数（Initial Values）：同样采用 List 指令，列出各参数的初始值。

4.4　WinBUGS 软件应用案例

4.4.1　种子实验案例与分析

1. 实验数据与随机效应模型

数据反映的是某一品种的豆类种子和某一品种的黄瓜种子，放在 21 个培养皿（plates）中分别培养，在根提取物 aegyptiaco 75 和 aegyptiaco 73 的作用下出芽率的差异。见表 4.1。

表 4.1　某一品种豆类种子和某一品种黄瓜种子实验数据

| 根提取物 aegyptiaco 75 | | | | | | 根提取物 aegyptiaco 73 | | | | | |
| 豆类 | | | 黄瓜 | | | 豆类 | | | 黄瓜 | | |
r	n	r/n	r	n	r/n	r	n	r/n	r	n	r/n
10	39	0.26	5	6	0.83	8	16	0.50	3	12	0.25
23	62	0.37	53	74	0.72	10	30	0.33	22	41	0.54
23	81	0.28	55	72	0.76	8	28	0.29	15	30	0.50
26	51	0.51	32	51	0.63	23	45	0.51	32	51	0.63
17	39	0.44	46	79	0.58	0	4	0.00	3	7	0.43
			10	13	0.77						

注：r 为出芽的个数；n 为种子的个数；r/n 为出芽率。

用随机效应逻辑回归（random effect logistic regression）模型来进行分析。

假设一个面板数据中个体之间存在差异，那么它是一个随机效应（random effect）。它的影响分两种情况，一种是只影响截距，即它与模型中其他预测变量相加，如果对不同个体分别作线性回归，那么得到回归线截距会不同，但回归线平行，此时又称为固定效应回归模型（fixed effects regression model）。另一种同时影响模型截距与斜率，是指它还与其他变量相乘，那么分别得到的回归线截距和斜率都不同，此时又称为随机效应回归模型（random effects regression model）。

随机效应模型如下：

$$r_i \sim \text{Binomial}(p_i, n_i)$$
$$\text{logit}(p_i) = \alpha_0 + \alpha_1 x_{1i} + \alpha_2 x_{2i} + \alpha_{12} x_{1i} x_{2i} + b_i$$
$$b_i \sim \text{Normal}(0, \tau)$$

其中，x_{1i} 为种子的类型；x_{2i} 为根提取物的类型；$\alpha_{12} x_{1i} x_{2i}$ 为交互项；$\alpha_0, \alpha_1, \alpha_2, \alpha_{12}, \tau$ 为给定的独立的"noninformative"先验参数；p_i 为种子的概率，n_i 为种子的数量，b_i 为 0 到 τ 的规范值。

本实验及其模型涉及如下三部分内容：

```
model
{
 for ( i in 1 : N ){
 r[i] ~ dbin (p[i],n[i])
 b[i] ~ dnorm (0.0,tau)
 logit (p[i]) <- alpha0 + alpha1 * x1[i] + alpha2 * x2[i] +
 alpha12 * x1[i] * x2[i] + b[i]
 }
alpha0 ~ dnorm (0.0,1.0E-6)
alpha1 ~ dnorm (0.0,1.0E-6)
alpha2 ~ dnorm (0.0,1.0E-6)
alpha12 ~ dnorm (0.0,1.0E-6)
tau ~ dgamma (0.001,0.001)
```

```
sigma <- 1 / sqrt (tau)
}
```
Data
```
list (r = c (10, 23, 23, 26, 17, 5, 53, 55, 32, 46, 10,  8, 10,  8, 23, 0,
3, 22, 15, 32, 3),
    n = c (39, 62, 81, 51, 39, 6, 74, 72, 51, 79, 13, 16, 30, 28, 45, 4, 12,
41, 30, 51, 7),
    x1 = c (0,  0, 0,  0,  0, 0,  0,  0, 0,  0,  0, 1,  1,  1,  1, 1,
1, 1,  1,  1, 1),
    x2 = c (0,  0, 0,  0,  0, 1,  1,  1, 1,  1,  1, 0,  0,  0,  0, 0,
1,  1,  1,  1, 1),
    N = 21)
```
Inits
```
list (alpha0 = 0, alpha1 = 0, alpha2 = 0, alpha12 = 0, tau = 1)
```

其中，"list" 为数据结构标识语，用粗体表示的为结构语。初始值可人为设定，但设定要恰当，也可通过软件自动产生初始值。

2. Doodle 模型图的构建

点击 WinBUGS 的 Help 菜单，打开 Doodle help，此帮助可以指导读者以图形的方式进行操作。在 WinBUGS 的使用中，Doodle help 非常特别，它以节点（nodes）、箭（edges）和平板（plates）等图形方式出现，可以用图形的方式来构建模型，在每个模型的节点中，含有特定的属性，如名称、类型、分布或逻辑函数的定义等（name，type，distribution，or logical function definition）（孟海英等，2006）。以下按照图 4.17 左侧从上到下、从左至右的顺序，利用 DoodleBUGS 构建 Doodle 模型。产生的 DAG 有向无环图如图 4.17 右侧所示。

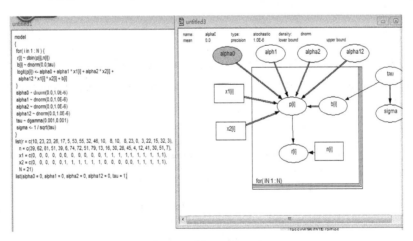

图 4.17　Doodle 模型图的构建

3. Doodle 模型检验

构建完 Doodle 模型后，下一步是对此模型进行检验，看 WinBUGS 对它是否识别，检验模型在程序语法上是否正确。将窗口 Doodle 放置在最前面（若同时在 WinBUGS 打开多个窗口），然后，在 Model→Specification 菜单下，点击 Check model 按钮。如果建立的 Doodle 模型正确，在 WinBUGS 主窗口的左下角的状态栏上就会出现一条信息"modle is syntactically"，同时，Log 窗口也会出现同样的信息（若 Log 窗口没有打开，可在属性菜单中点击 OpenLog）。否则，你必须对 Doodle 模型的每一个节点、每一个箭头和每一块平板进行检查，耐心检查它们的名称和属性，改正错误的地方。然后，重新对模型进行检验，直到模型正确为止[①]。

　　模型检验合格后，需要对数据进行说明并输入数据和初始值。点击 File→New，出现的窗口可以对超文本进行编辑。数据的内容可以输入，利用 Attirbuties 菜单中的命令可以选择文本格式。

4. 模型的贝叶斯分析

　　编写好 WinBUGS 程序或建立图表模型，创建好数据结构，设定初始值后，即可进行贝叶斯分析。双击程序中的 Model，然后点击菜单 Model→Specification，出现图 4.18 的对话框；点击"check model"，若程序或模型结构图无误，工具条 load data 和 compile 会变亮，提示可以加载数据并对数据进行编译。

　　在该实验中需要按照图 4.18～图 4.20 所示设置工具的要求，确定各个模型参数。

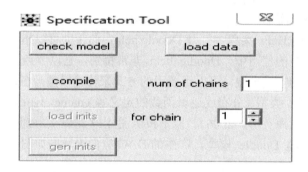

图 4.18　Specification 工具

　　双击数据标识语"list"进行数据下载（load data）和编译（compile），随即 load inits 或 gen inits 被激活，下载或产生初始值后，即可进行 Gibbs 抽样。双击 Model→Updates，进入图 4.19 所示界面。

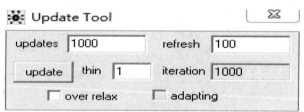

图 4.19　Update 工具

　　进行 Gibbs 抽样迭代之前，需设定各参数，点击菜单 Inference→Samples，出现如图 4.20 所示界面，点击"set"对各参数进行设定。设定参数后，可进行迭代，可规定迭代次数、更

① 刘乐平, 袁卫. 2005. 现代贝叶斯分析与 WinBUGS 软件的使用. 北京: 中国现场统计研究会第 12 届学术年会。

新次数等。经过充分的迭代，收敛后可得各参数估计量。

图 4.20　Sample Monitor 工具

图 4.21 中各参数的含义说明如下。

trace：最后一次迭代的时间序列图；history：所有迭代的时间序列图；density：参数核密度；stats：显示参数的统计结果；coda：显示参数每步的取值；quantiles：显示百分位数；auto cor:参数自相关性。

迭代收敛性可通过迭代轨迹（trace）、迭代历史（history）、自相关函数（auto corr）等来进行判断。当迭代轨迹、迭代历史基本趋于稳定，自相关函数很快接近于 0 时，可认为迭代过程已收敛。为达到收敛，有时迭代次数需要很大。另外收敛性的判断还可通过"coda" 和"bgr diag"按钮来实现，但 coda 需借助 coda 软件，bgr diag 适合两条以上链的拟合。

经过运行形成如图 4.21～图 4.24 所示的统计结果：

node	mean	sd	MC error	2.5%	median	97.5%	start	sample
alpha0	-0.5627	0.2523	0.03584	-1.13	-0.5407	-0.1611	1	1000

node	mean	sd	MC error	2.5%	median	97.5%	start	sample
alpha1	0.08479	0.3604	0.04496	-0.5867	0.1008	0.9294	1	1000
alpha12	-0.8015	0.4925	0.05732	-2.071	-0.7787	0.0609	1	1000
alpha2	1.356	0.333	0.04564	0.7697	1.343	2.257	1	1000
sigma	0.28	0.1628	0.02238	0.04448	0.2591	0.6671	1	1000

图 4.21　节点统计数据

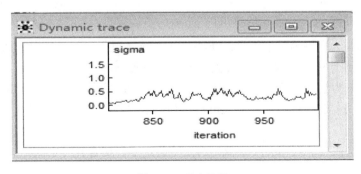

图 4.22　动态轨迹

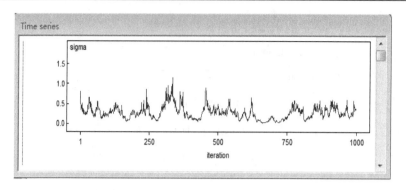

图 4.23 时间序列

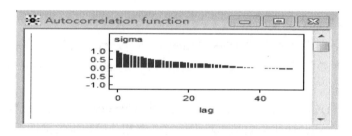

图 4.24 自回归函数

对变量的监控设置和迭代运行及结果的输出都和用代码的输出结果相同。

4.4.2 某地区唇癌疾病分析

数据为某地区唇癌疾病数据,反映的是某地区 56 个分区的唇癌发病率,见表 4.2。

表 4.2 某地区唇癌疾病数据表

County	Observed cases (O_i)	Expected cases (E_i)	Percentage in agric. (X_i)	SMR	Adjacent counties
1	9	1.4	16	652.2	5, 9, 11, 19
2	39	8.7	16	450.3	7, 10
⋮	⋮	⋮	⋮	⋮	⋮
56	0	1.8	10	0.0	18, 24, 30, 33, 45, 55

表 4.2 中,County 为所辖地区的编号;Observed cases(记作 O_i)为实际患病人数;Expected cases(记作 E_i)为预计患病人数,这个人数基于当地的人口,对象的年龄、性别分布;Percentage in agric.(记作 x_i)为当地农业、渔业、林业人口所占当地总人口的比例;SMR(standardised mortality ratios)为标准死亡率;Adjacent counties 为与当前所辖地区相毗邻的所辖地区的编号。

采用的方法是在条件自相关(CAR)的先验假定下,拟合具有空间相关的随机混合泊松(Poisson)模型:

$$O_i \sim \text{Poisson} (\mu_i)$$
$$\log\mu_i = \log E_i + \alpha_0 + \alpha_1 x_i/10 + b_i$$

制图工具的设置如图 4.25 所示，产生的某地区唇癌疾病空间分布如图 4.26 所示。

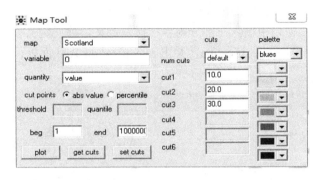

图 4.25　Map 工具

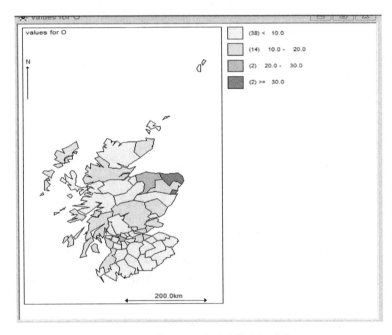

图 4.26　某地区唇癌疾病的空间分布

4.4.3　慢性阻塞性肺病案例分析

这里介绍对慢性阻塞性肺病的死亡率数据进行分析的一个实例。主要步骤如下：

（1）确定模型；

（2）输入数据；

（3）运行模型；

（4）模型初始化；

（5）产生定型值（generate burn-in values）；

（6）确定被模拟的参数；

（7）运行；

（8）检查收敛性及列出结果。

具体操作步骤如下：

（1）打开 WinBUGS，点击菜单 File→New 新建一个空白窗口。

（2）在新建的空白窗口中输入三部分内容：模型定义、数据定义、初始值定义。

（3）点击菜单 Model→Specification，弹出 Specification Tool 面板，如图 4.27 所示。

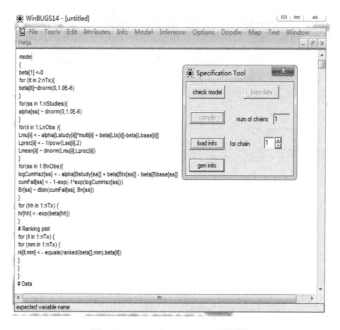

图 4.27　Specification Tool 面板

（4）在第二步提到的窗口中，将 Model 这个关键字高亮起来，点击"check model"，会看到 WinBUGS 的左下角状态栏上显示"model is syntactically correct."。

（5）把定义的 data 前的关键字 list 也高亮起来，点击 Specification Tool 面板上的"load data"。

（6）修改 Specification Tool 面板上的马尔可夫链的数目，默认为 1。

（7）点击 Specification Tool 面板上的"compile"，编译结果如图 4.28 所示。

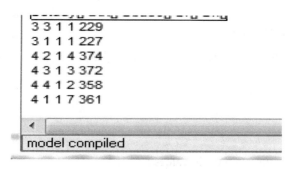

图 4.28　模型编译结果

（8）把定义的初始值中的 list 关键字也高亮起来，再点击 Specification Tool 面板上的"load inits"。

（9）关闭 Specification Tool 面板。

（10）点击菜单 Inference→Samples，弹出 Sample Monitor Tool 面板。如图 4.29 所示。

图 4.29　推理中进行采样

（11）在 Sample Monitor Tool 面板的 node 中填写要估计的参数名，这里可以是 tau、alpha0、alpha1、b，把它们一个一个填在 node 中，逐一点击"set"。如图 4.30 所示。

图 4.30　采样检控工具的设置

（12）关闭 Sample Monitor Tool 面板。

（13）点击菜单 Model→Update，弹出 Update Tool 面板，如图 4.31 所示。

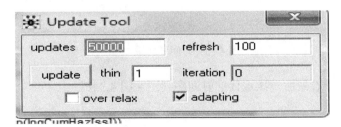

图 4.31　更新工具（1）

（14）在 Update Tool 面板中修改 updates 的大小，如 50000，点击"update"按钮，如图 4.32 所示。

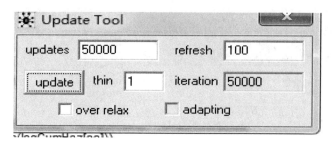

图 4.32　更新工具（2）

（15）运行完后，关闭 Update Tool 面板。

（16）点击菜单 Inference→Samples。

（17）在弹出的 Sample Monitor Tool 面板上选一个 node。点击"history"查看所有迭代的时间序列图（图 4.33）。

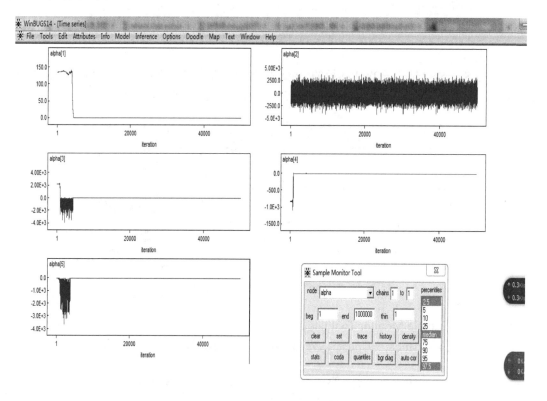

图 4.33　时间序列图（1）

点击"trace"查看最后一次迭代的时间序列图（图 4.34）。

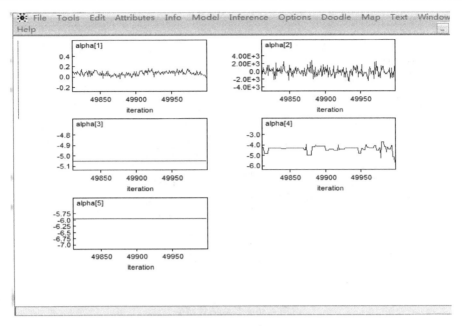

图 4.34　时间序列图（2）

点击"auto cor"查看 correlation 时间序列图（图 4.35）。

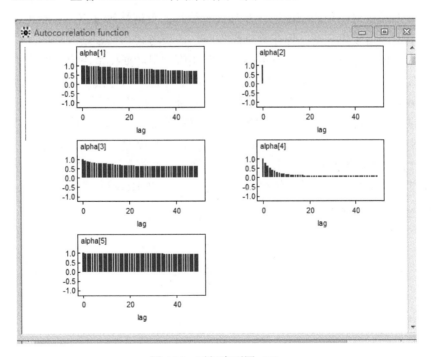

图 4.35　时间序列图（3）

点击"stat"查看参数估计的结果（图 4.36）。

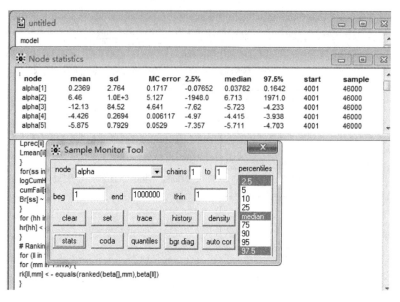

图 4.36　参数估计结果

4.5　小　　结

　　基于贝叶斯理论对结果的精确估计及其代码编写的灵活性等优点，WinBUGS 软件在各种数据统计中的应用较为广泛，但在具体操作前，需要考虑相关数据的特征，以及熟练地使用贝叶斯的相关理论与编程语言，方可准确制定相应的贝叶斯模型，把握结果的可靠性。

　　WinBUGS 软件几乎可以实现任何类型的 Meta 分析，但建模是保证数据运行的前提和关键。通过建模，可以让使用者深入理解 WinBUGS 软件及贝叶斯模块的内部结构，掌握WinBUGS 的常用代码、变量的内涵及特色、操作的关键点等内容。此外，通过建模还可知晓 WinBUGS 软件对于不同类型数据的统计分析功能，特别是通过代码来建模，既可以了解WinBUGS 软件代码的编写风格，也可以比较掌握不同数据类型之间的代码差异，便于对代码编写知识的进一步掌握。此外，还可以尝试建立相关的 Doodle 模型及加强对该手工代码建模的结构层次的进一步了解。

第5章　SaTScan 软件简介与应用

5.1　SaTScan 软件简介

5.1.1　SaTScan:空间扫描软件

SaTScan 软件是一款用空间、时间或时空扫描统计量分析空间、时间和时空数据的免费软件，由哈佛大学公共医学院 Martin Kulldorff 博士开发。

SaTScan 软件也可用于其他领域解决类似问题，如考古学、天文学、犯罪学、生态学、经济学、工程学、遗传学、地理学、地质学、历史学或动物学等。

5.1.2　SaTScan 功能

SaTScan 软件主要应用于以下几个方面：

（1）实施疾病地理检测，探测疾病在空间、时空分布上的聚类，并检验它们是否具有统计显著性。

（2）检验某种疾病在时间、空间、时空上是否服从随机分布。

（3）评估疾病聚集区的统计学显著性特征。

（4）进行多种时间周期性疾病监测，以便及早发现疾病暴发。

5.1.3　SaTScan 软件的原理与方法

空间扫描统计法是一种基于移动扫描窗口对数据进行分析的方法。通过建立一个动态改变大小的移动的圆形窗口，在研究范围内，对疾病高发空间聚集区域进行扫描。

时空扫描统计方法同样基于圆形（或椭圆形）的移动扫描窗口，但该窗口同时具备了时间权重信息。其基本的定义与空间扫描统计相似，但扫描窗口的高度则是反映时空聚类的时间周期。

1. 离散和连续扫描数据

（1）离散扫描统计数据的地理位置包含随机位置和固定位置。这些地点可能是实际位置，如房屋、学校或蚁巢，或者可能是一个中心位置代表一个较大的地区，如地理或人口加权形状的邮政区、县或省。

（2）对于连续扫描数据的统计，该地点可以是在一个预定义的研究区域，由用户定义的、随机的，和可能发生的任何情况，如矩形等。

对于连续数据的扫描统计，SaTScan 采用连续泊松模型。

2. 时间扫描统计量

时间扫描统计量是时空扫描统计量的一种特例，即圆柱形的底（扫描空间区域）固定为各个扫描行政区域不再变动，单纯时间窗口按照一定的顺序和步长在变动，然后采用似然比检验比较时间窗口内外观测病例数和期望病例数之比，就能判断时间扫描窗口内是否具有传染病聚集性。

相对于时空扫描统计量，时间扫描统计量单纯计算时间聚集性，当传染病只表现出时间聚集性而无空间聚集性，特别是多个空间区域的发病率都在上升时，时间扫描统计量的效率要高于时空扫描统计量；因为时空扫描统计量本质上是找到这样一个时间段，使得在这个时间段内某区域的发病率高于其余地区，若不存在空间聚集性，则时空聚集性也不存在。反之，当存在空间聚集性时，时空扫描统计量要优于时间扫描统计量，因为其增加了空间信息，提高了统计效率。单纯使用时间扫描统计量的研究较少，一般都是和时空扫描统计量结合运用来分析传染病的时间聚集性和空间聚集性。

3. 空间扫描统计量

空间扫描统计量和时间扫描统计量相似，也是时空扫描统计量的一个特例，差别在于固定时间窗口（一般窗口时间较长，如整年），即圆柱形的高，而不断变化圆柱形的底（圆）使得空间扫描窗口覆盖一个或若干个相邻区域。实际扫描时，先设定一定的空间扫描步长（如6km）。然后从某个行政区域起始扫描，将其行政中心所在地作为圆心，计算它与相邻行政区域行政中心所在地之间的直线距离，如果该距离小于步长则落在圆内，反之落在圆外，通过变化步长和起始圆心就可以得到多个空间扫描窗口。同样，采用似然比检验比较空间窗口内外的观测病例数与期望病例数之比，就能判断该圆形扫描窗口内是否有传染病的空间聚集性。

4. 时空扫描统计量

时空扫描统计量需要同时考虑时间和空间两个维度，扫描窗口为圆柱形。圆柱形的底（圆）所对应的地理区域作为空间扫描窗口，包含一个或若干个相邻行政区域，那么理论上最小的空间扫描窗口为预警系统中的各个最小行政区域（目前国家传染病自动预警系统中的最小行政区域为街道/镇/乡，圆心为各个区域的行政中心所在地），而最大窗口为整个或半个预警地区。圆柱形的高对应一定长度的时间扫描窗口，理论上最小的时间窗口为天（根据实际需要也可设为周/月），最大的窗口为一整年甚至若干年（主要用于基于长期历史数据的回顾性研究）。

实际扫描时，时空扫描窗口同时按照一定的顺序和步长变化，即获得许多半径和高度不一的圆柱形时空扫描窗口，再根据历史发病率数据和人口数据，利用泊松或伯努利分布原理计算期望病例数，最后通过似然比检验比较空间窗口内外的观测病例数与期望病例数之比，以判断空间窗口内观测病例数与期望病例数之比是否异常升高，即传染病发生了超过预期的暴发。

似然值较大的窗口，根据蒙特卡罗模拟给出的 p 值具有统计学意义，提示了具有聚集性的时间区间和空间区域。Kulldorff 等开发的免费扫描软件实现了回顾性和前瞻性时空扫描统计量，以及将介绍的时空扫描统计量的两个特例（时间扫描统计量和空间扫描统计量）。当扫描窗口对应的区域人口数据无法获得时，可以通过时空重排扫描统计量来进行时空扫描，其原理类似于基于短期基线数据的累积和控制图，利用短期基线数据来计算期望病例数；但因为缺乏人口数据，对期望病例数的计算不够精确，所以免费扫描软件探测效率不如时空扫描统计量。

5.1.4 国内外研究进展

国内外对于 SaTScan 的有关研究见表 5.1。

表 5.1　国内外研究进展

作者	研究领域	作者	研究领域
Pinchoff J, et al.，2015	传染病（infectious diseases）	Natale A, et al.，2017	前瞻性实时疾病暴发检测（prospective real-time disease outbreak detection）
Rooney J, et al.，2015	神经疾病（neurological diseases）	Lieu T A, et al.，2015	药物及疫苗（pharmaceutical drugs and vaccines）
Torabi M, et al.，2012	过敏和哮喘（allergy and asthma）	Chawi, Åska, et al.，2005	癌症（cancer）
Aamodt G, et al.，2007	糖尿病（diabetes）	Li X Y, et al.，2008	心血管疾病（cardiovascular diseases）
McNally R J Q, et al.，2009	肝脏疾病（liver diseases）	Seidel D P, et al.，2015	生态学（ecology）
Ghosh A N, et al.，2013	耐药性（antimicrobial resistance）	Schmicker R H, et al.，2013	运动与休闲（sports and recreation）
Kihal-Talantikite W, et al.，2013	先天性疾病（congenital outcomes）	Wood N D, et al.，2014	心理学（psychology）

5.1.5　SaTScan 使用的模型

统计的分类：按照进行统计的时空区域可分为时间统计、空间统计、时间-空间统计。

统计模型：SaTScan 软件对如下类型的模型数据进行离散数据的扫描统计。

（1）泊松模型：根据已知的潜在风险人口，其中一些事件在一个位置是泊松分布。

（2）伯努利模型：涉及 0/1 事件数据，如案件和控制。

（3）时空置换模型：涉及单一使用情况的数据。

（4）多项式模型：涉及一个序列模型，一个分类数据。

（5）指数模型：涉及生存时间序列数据，或不间断连续数据。

（6）正态模型：为其他类型的连续数据。

（7）顺序模型：涉及异常高或低趋势的地理区域数据。

这些模型的一个共同特点是：所有对离散数据的扫描统计，其地理位置数据可以是随机和固定的情况。

5.1.6　SaTScan 数据输入与结果输出

在利用 SaTScan 软件进行空间分析时，主要需要准备以下三个文件。

（1）.cas 文件：主要包含了案例的编码、个数和时间信息。

（2）.geo 文件：主要包含了案例的编码和坐标信息。

（3）.pop 文件：主要包含了案例的编码和对应时间人口数量信息。

除了需要输入数据以外，还需要设置研究时段、时间精度、坐标类型和协变量等参数。

SaTScan 生成的文件都是以二进制存储的文本文件，结合不同的需求，可以对这些文件进行提取；结合坐标信息，利用 ArcGIS 软件进行可视化的展示和分析。

5.1.7　窗口组成

软件窗口，包括：File（打开和关闭文件），Session（会话控制），Windows（窗口），Help（帮助）四个菜单栏，还包括：新建窗口、打开文件、保存结果、运行、打印、软件更新和信息查询热键按钮。如图 5.1 所示。

图 5.1　SaTScan 软件的主要功能

File（打开和关闭文件）菜单栏，包括：新建会话框、打开文件、重新打开文件、关闭会话框、保存、另存为、参数选择、打印和退出，如图 5.2 所示。

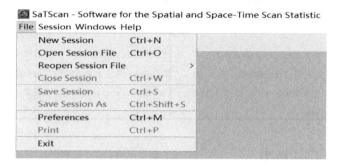

图 5.2　File 菜单栏

Session（会话控制）菜单栏，包括：执行、执行选项，如图 5.3 所示。

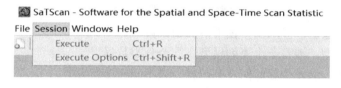

图 5.3　Session 菜单栏

Help（帮助）菜单栏，包括：用户指南、帮助目录、检查新版本、建议引用和关于 SaTScan，如图 5.4 所示。

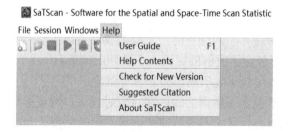

图 5.4　Help 菜单栏

5.1.8　基本界面及功能

1）输入窗口

该窗口包括如下需要输入的信息：案例文件、控制文件；时间周期；时间精度；人口文件；坐标文件（经纬度、笛卡尔坐标）；格网文件，如图 5.5 所示。

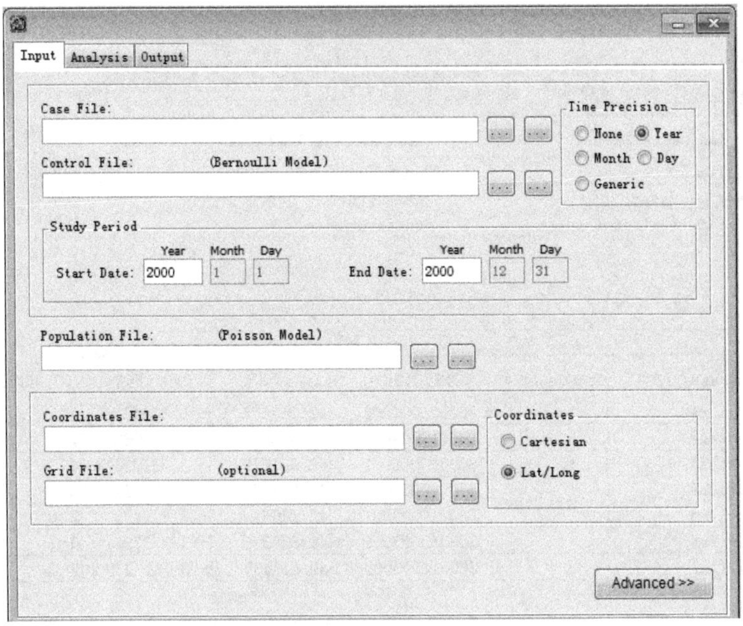

图 5.5 输入窗口

图 5.6～图 5.8 为输入功能涉及的界面。

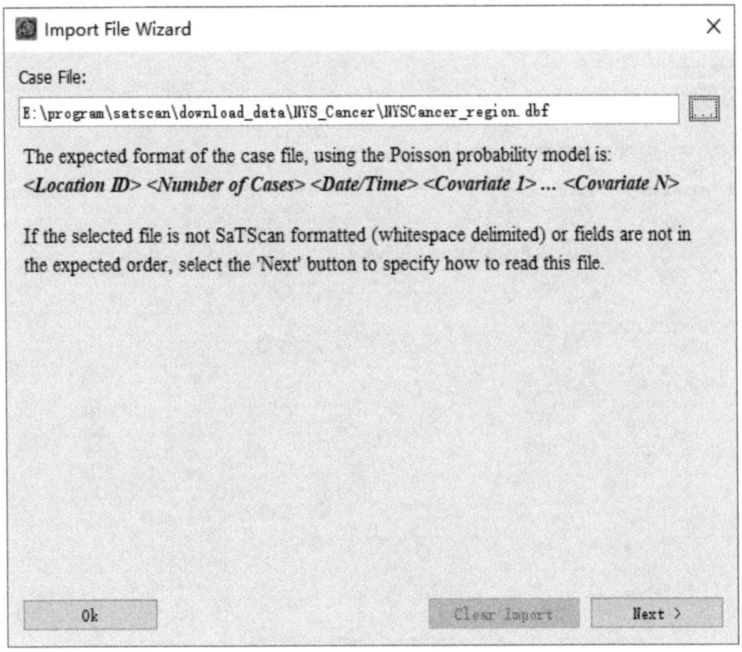

图 5.6 输入案例文件

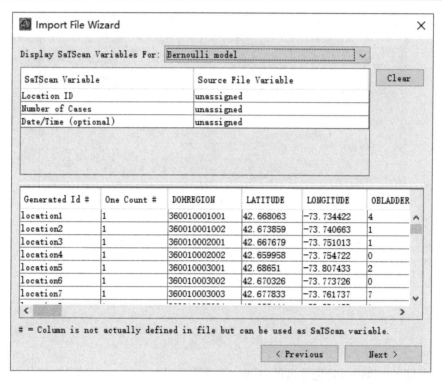

图 5.7　输入案例文件中变量的参数

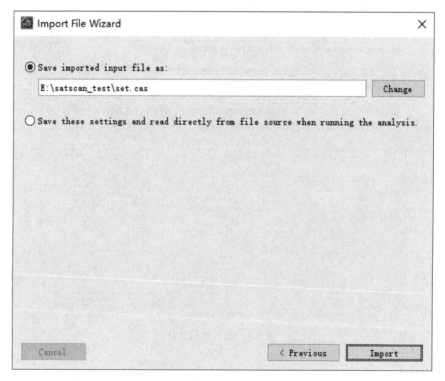

图 5.8　保存输入的案例文件

2）高级输入特征

该窗口包括多元数据集、数据检查和空间邻域三个选项卡，如图 5.9 所示。其中，增加多元数据集的目的可以是：①多变量分析（一个数据集或者多个数据集中的类）；②调整（所有同步数据集中的类）。

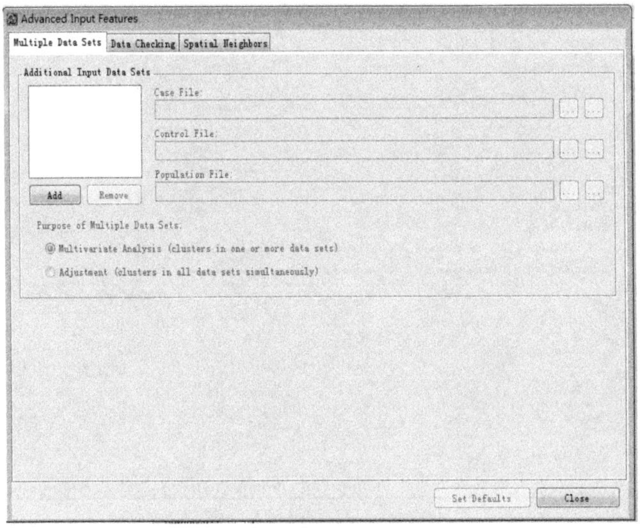

图 5.9　高级输入特征

数据检查包括以下两个设置，如图 5.10 所示。①时态数据检查：保证所有案例和控制事件都在规定的研究时间内，或忽略那些不在规定研究时间内的案例和控制事件。②地理数据检查：检查所有的观测数据（案例、控制和人口数据）都在规定的研究区域，忽略那些不在规定的研究区域内的观测数据。

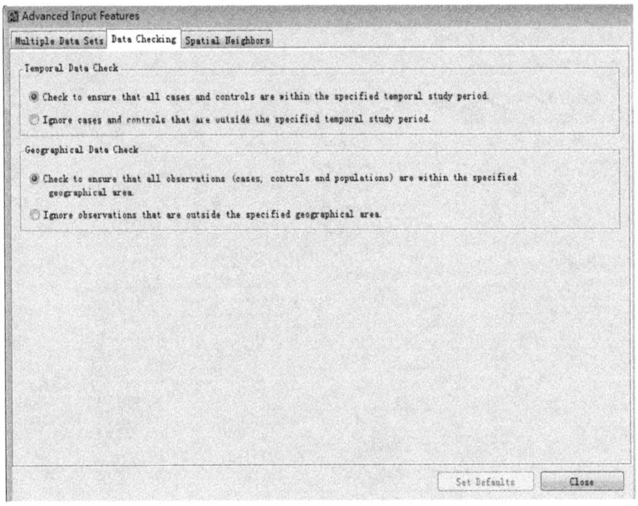

图 5.10　数据检查

空间邻域包括以下两个设置，如图 5.11 所示。①非欧几里得邻域：通过一个非欧几里得邻域文件指定邻域，或制定一个元文件位置。②每个位置 ID 的多组空间坐标：只允许每个位置 ID 有一个坐标集；如果至少包含一组坐标，则在扫描窗口中包含位置 ID；如果当且仅当窗口中包含所有坐标集，在扫描窗口中包含位置 ID。

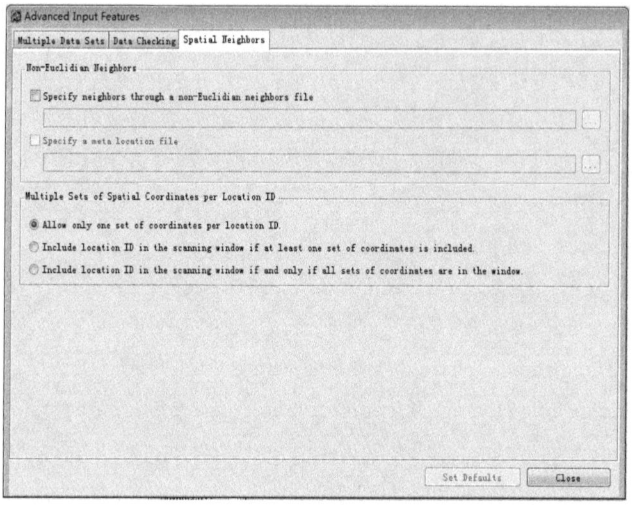

图 5.11　空间邻域

3）分析

该窗口包括三个选项卡，即分析类型、概率模型和研究区的扫描类型。其中，分析类型选项卡如图 5.12 所示。回顾性分析包括如下四个选项：①纯空间分析；②纯时间分析；③时空分析；④时间趋势的空间变化。前瞻性分析包括如下两个选项：①纯时间分析；②时空分析。

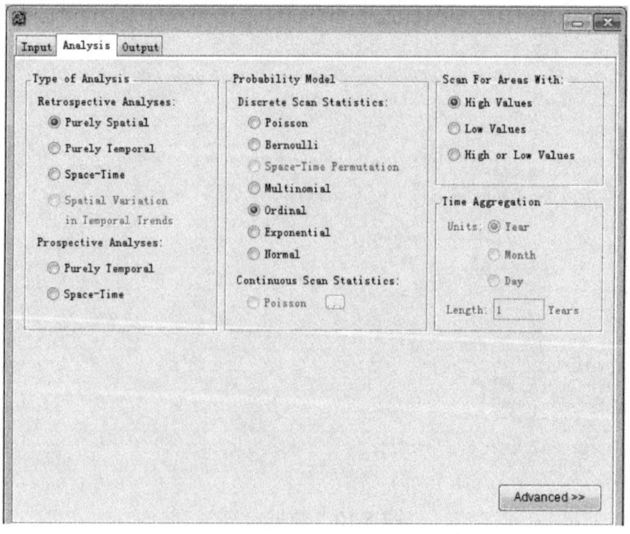

图 5.12　分析类型

概率模型选项卡如图 5.13 所示。①离散扫描统计，包括七个选项：泊松模型、伯努利模型、时空置换模型、多项式模式、顺序模型、指数模型和正态模型。②连续扫描统计，包括一个选项：连续泊松模型。③区域扫描类型，包括三个选项：高值、低值、高或低值。

时间聚集，包括两个选项：单位（年、月和日）；长度（年）。

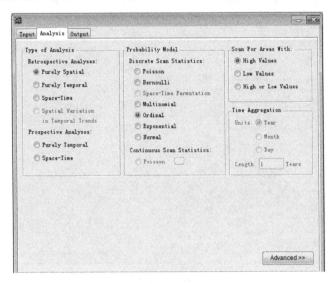

图 5.13　概率模型

4）高级分析特征

空间窗口有四个选项，如图 5.14 所示。①最大空间类大小的选项：可设置处于危险的人数比例（缺省值为 50%）；可选择最大圆文件中定义的总体百分比，或者选择在一个半径为 1 km（或其他设置值）的圆。②可选择包括纯时间聚类。③空间窗口形状的选项：圆、椭圆，或非紧缩惩罚类型。④可选择使用等分的空间扫描统计。

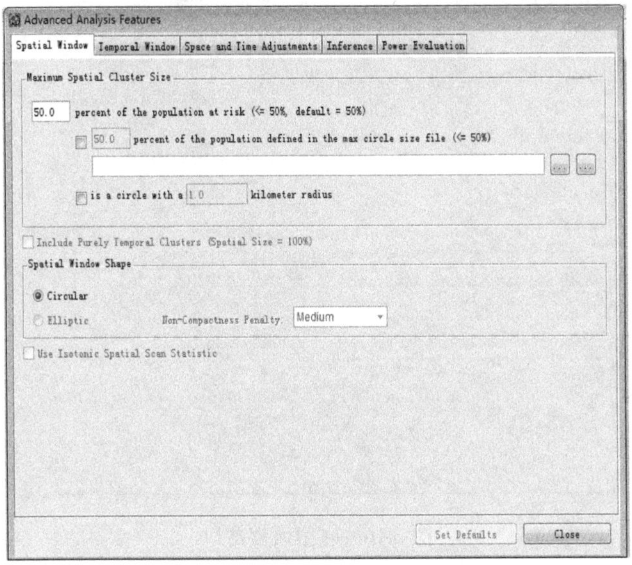

图 5.14　空间窗口

时间窗口有四个选项，如图 5.15 所示。①最大时间类大小选项：可设置研究时段的百分比，或选择年份。②最小时间类大小选项。③可选择包括纯空间聚类。④可变时间窗口的定义：可设置仅窗口内，或设置开始时间和结束时间。

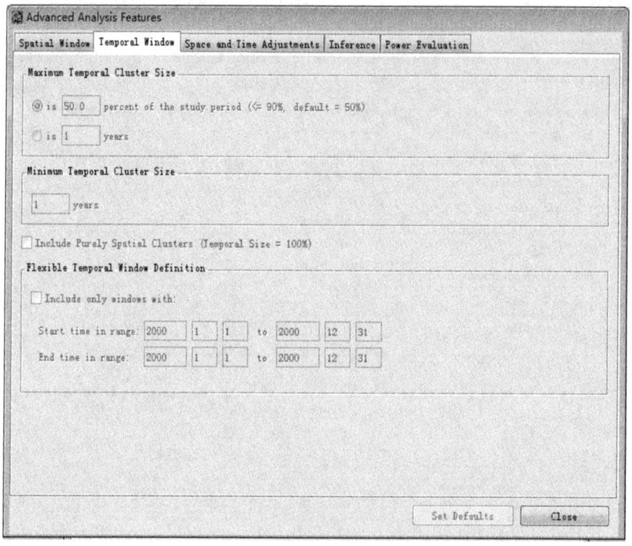

图 5.15　时间窗口

时空调整窗口有四个选项，如图 5.16 所示。①时间趋势调整选项，包括四个选项：无；非参数，以时间分层随机化的方式；以每年某比例的对数线性趋势；对数线性与自动计算的趋势。②可选择从天到周的调节。③空间调整选项，包括两个选项：无；非参数，以空间随机分层的方式。④时间、空间，和或时空调整选项：可选择针对已知的相对风险进行调整。

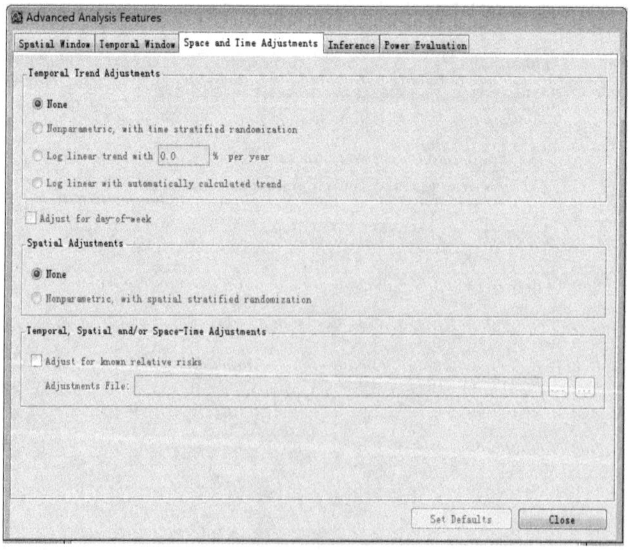

图 5.16　时空调整窗口

推断窗口涉及如下四个选项，如图 5.17 所示。①*p*-值选项，包括五个选择项：默认值、标准蒙特卡罗、序列蒙特卡罗、Gumble 近似值、基于 *p* 值的 Gumble 报告。②蒙特卡罗重复选项：可设置最大的重复值。③前瞻性监测选项：调整前期执行分析的开始时间。④迭代扫描统计量：调整更多的相似类。可设置更多的迭代次数、可设置当 *p* 值大于某值时终止迭代。

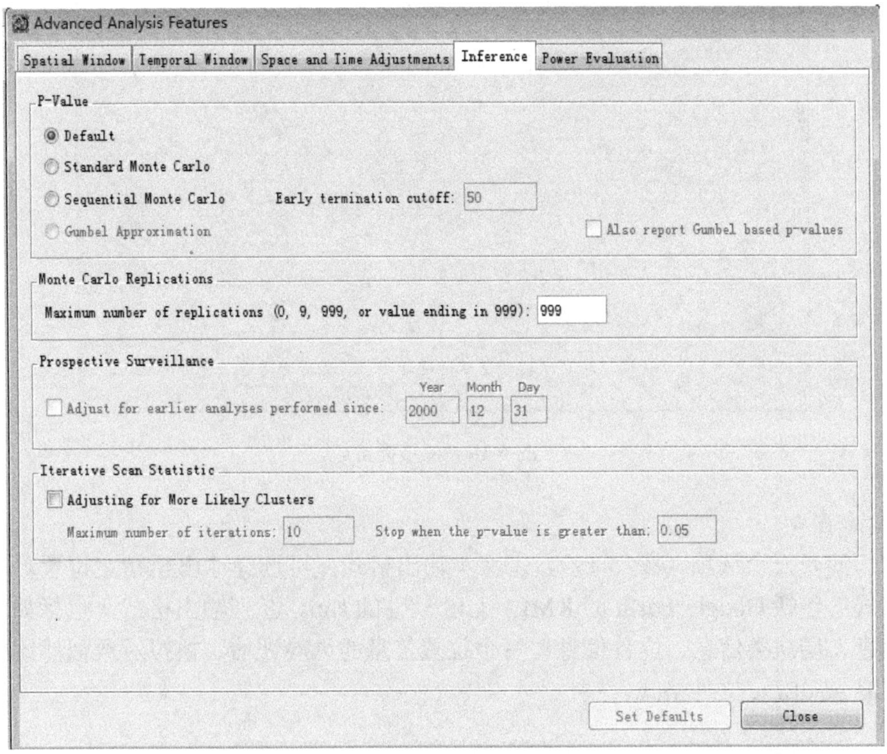

图 5.17　推断窗口

蒙特卡罗法所求解问题是某种随机事件出现的概率，或者是某个随机变量的期望值时，通过某种"实验"的方法，以这种事件出现的频率估计这一随机事件的概率，或者得到这个随机变量的某些数字特征，并将其作为问题的解。

蒙特卡罗法的解题过程可以归结为三个主要步骤：构造或描述概率过程；从已知概率分布实现抽样；建立各种估计量。

权重评价窗口涉及如下四个选项（图 5.18）。①执行权重评价，该选项包括三个选项：将规则分析作为一部分；仅使用权重评估，并使用案例文件中全部案例；仅使用权重评价，使用某些数量的全部案例。②临界值选项，包括：蒙特卡罗值；Gumbel 值。③权重评价选项，包括：蒙特卡罗值；Gumbel 值。④重复数量选项，可选择 100,1000 或多个 100 的数值，也可输入可替代的假设文件。

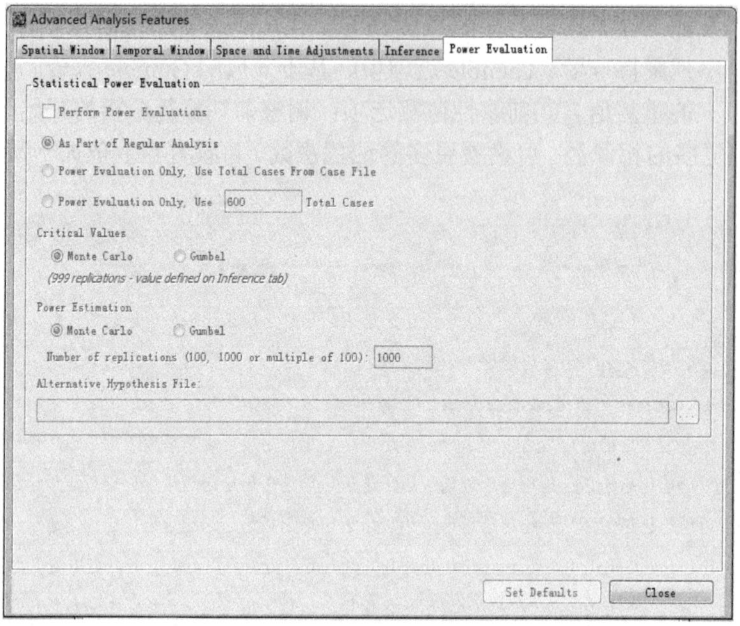

图 5.18　权重评价

5）输出窗口

该窗口涉及三个选项（图 5.19）。①文本输出格式：可选择输出至指定位置。②地理文件输出格式：包括 Google Earth 的 KML，GIS 软件的 shp。③列输出格式，包括如下五个选项：类信息、层次类信息、位置信息、每个位置信息的风险评估、模拟对数似然比率。均可选择 ASCII 或 dBase 文件格式。

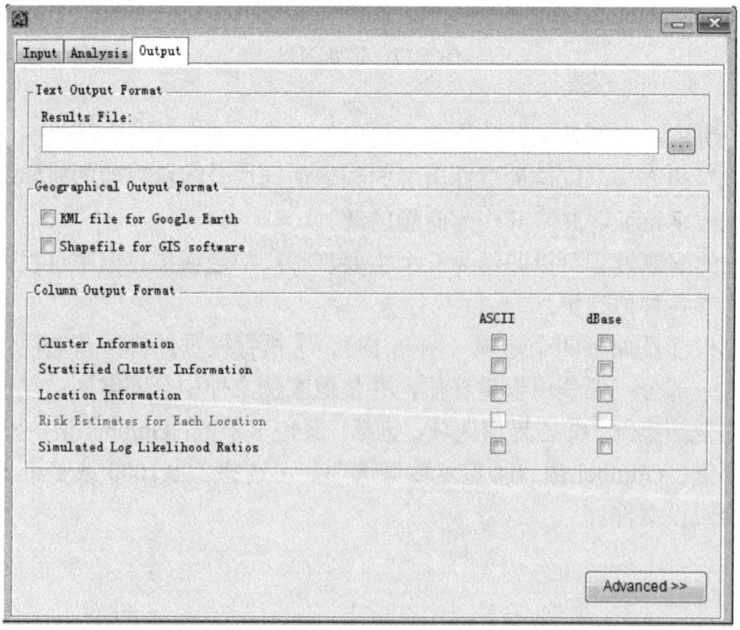

图 5.19　输出窗口

6）高级输出特征

空间输出窗口涉及如下三个选项，如图 5.20 所示。①Google Earth 的 KML 文件选项，包括：自动调用 Google Earth 文件、产生压缩的 KMZ 文件和在类中的所有位置标识。②报告类的标准选项，包括四个可选项：可选择最有可能的分层的类、基尼优化类的集合、报告次级类的标准、在结果文件中报告基尼索引。③最大报告空间类的大小选项，包括只输出小于某值的类选项，包括三种情况：处于危险的人的比例、风险人群的百分比、以某值为半径的圆。

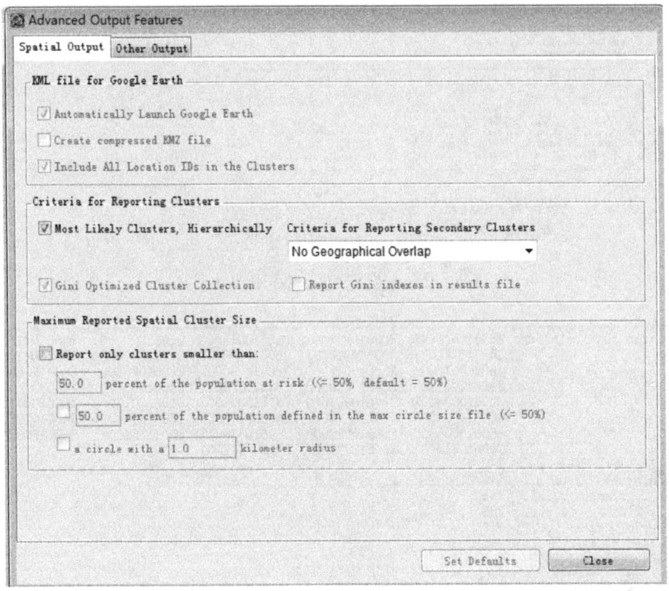

图 5.20　空间输出窗口

其他输出窗口涉及如下三个选项，如图 5.21 所示。①重要值：报告观察到的集群的重要值。②蒙特卡罗列：输出蒙特卡罗等级。③头数据队列：打印 ASCII 输出格式文件的列头。

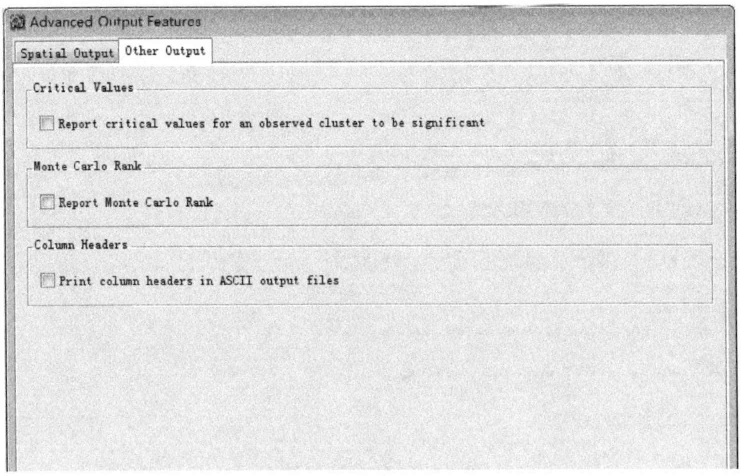

图 5.21　其他输出窗口

5.1.9　软件分析的结果

软件运行之后，形成标准的输出文件，主要包含如下内容：①数据的总结；②疑似的类；③类组成、位置、半径；④类的重要数量特征；⑤类的统计特征；⑥参数设置。如图 5.22～图 5.24 所示。

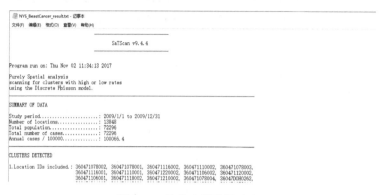

图 5.22　软件分析结果（1）

```
9.Location IDs included. :  360610016005,  360610016004,  360610016003,  360610006001,  360610016002,
                            360610014011,  360610018001,  360610006003,  360610006004,  360610016001,
                            360610018007,  360610008001,  360610006005,  360610008006,  36061D0H0005,
                            360610041002,  360610008002,  360610002011,  360610014021,  36061D0H0006,
                            360610006002,  360610029003,  360610008003,  360610018004,  360610041003,
                            360610014012,  360610014022,  360610008005,  360610041004,  360610008004,
                            360610006006,  360610029002,  360610008005,  360610030012,  360610002012,
                            360610012001,  360610030014,  360610027001
        Overlap with clusters. : 1
        Coordinates / radius..: (40.715295 N, 73.991385 W) / 0.71 km
        Gini Cluster..........: Yes
        Population............: 265
        Number of cases.......: 167
        Expected cases........: 265.36
        Annual cases / 100000.: 62976.4
        Observed / expected...: 0.63
        Relative risk.........: 0.63
        Log likelihood ratio..: 21.088654
        P-value...............: 0.000032

10.Location IDs included. : 360775915003,  360775915004,  360775914005,  360775904004,
```

图 5.23　软件分析结果（2）

```
PARAMETER SETTINGS

Input
-----
  Case File          : E:\satscan_test\NYS_BreastCancer.cas
  Population File     : E:\satscan_test\NYS_BreastCancer.pop
  Time Precision      : Year
  Start Time          : 2009/1/1
  End Time            : 2009/12/31
  Coordinates File    : E:\satscan_test\NYS_BreastCancer.geo
  Coordinates         : Latitude/Longitude

Analysis
--------
  Type of Analysis    : Purely Spatial
  Probability Model   : Discrete Poisson
  Scan for Areas with : High or Low Rates

Output
------
  Main Results File : E:\satscan_test\NYS_BeastCancer_result.txt
  Google Earth File : E:\satscan_test\NYS_BeastCancer_result.kml

Data Checking
-------------
  Temporal Data Check    : Check to ensure that all cases and controls are within the specified temporal study period.
  Geographical Data Check : Check to ensure that all observations (cases, controls and populations) are within the specified geographical area.

Spatial Neighbors
-----------------
  Use Non-Euclidian Neighbors file : No
  Use Meta Locations File          : No
  Multiple Coordinates Type        : Allow only one set of coordinates per location ID.

Spatial Window
--------------
  Maximum Spatial Cluster Size : 25 percent of population at risk
  Window Shape                 : Circular
  Isotonic Scan                : No

Space And Time Adjustments
--------------------------
```

图 5.24　参数设置情况

5.2　各类分析模型介绍

5.2.1　离散泊松模型

离散泊松（Poisson）模型需要一组位置数据，如县等行政区或具有邮政编码的地区，以及具有地理坐标的地点。还需要提供 SaTScan 案例信息，如人口信息，人口数据不需要指定持续时间，但需要一个或多个具体的普查时间。

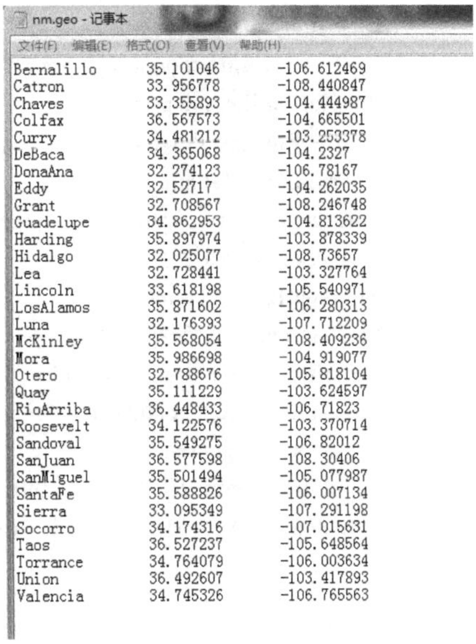

1）**输入窗口**

需要输入的具体信息如图 5.25 所示。

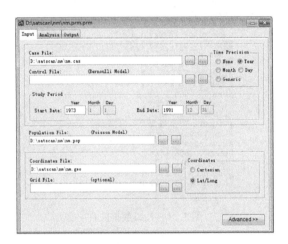

图 5.25　输入窗口

涉及的案例数据文件如图 5.26～图 5.29 所示。

nm.cas - 记事本

文件(F)　编辑(E)　格式(O)　查看(V)　帮助(H)

Grant	1	1977	2	2
SanJuan	1	1974	8	2
Bernalillo	1	1977	13	1
DonaAna	1	1977	14	2
Union	1	1977	16	2
Sandoval	1	1977	11	1
Valencia	1	1977	17	1
DonaAna	1	1977	11	2
Valencia	1	1977	7	2
Bernalillo	1	1975	13	1
Bernalillo	1	1977	3	2
Eddy	1	1977	7	1
Bernalillo	1	1977	10	2
Bernalillo	1	1977	14	1
SanJuan	1	1977	10	1
Bernalillo	1	1974	16	1
Bernalillo	1	1976	15	2
Roosevelt	1	1976	13	1
Bernalillo	1	1977	15	2
DonaAna	1	1977	12	1
SanJuan	1	1977	14	1
Chaves	1	1976	12	2
Otero	1	1977	10	1
RioArriba	1	1977	10	2
Bernalillo	1	1977	16	2
Bernalillo	1	1973	1	2
Lea	1	1973	11	2
Eddy	1	1973	8	2
SantaFe	1	1973	17	2
Bernalillo	1	1973	13	1
SantaFe	1	1977	3	1
SanJuan	1	1973	13	2
Bernalillo	1	1973	15	1
Eddy	1	1973	12	1

图 5.26　案例文件

nm.geo - 记事本

文件(F)　编辑(E)　格式(O)　查看(V)　帮助(H)

Bernalillo	35.101046	-106.612469
Catron	33.956778	-108.440847
Chaves	33.355893	-104.444987
Colfax	36.567573	-104.665501
Curry	34.481212	-103.253378
DeBaca	34.365068	-104.2327
DonaAna	32.274123	-106.78167
Eddy	32.52717	-104.262035
Grant	32.708567	-108.246748
Guadelupe	34.862953	-104.813622
Harding	35.897974	-103.878339
Hidalgo	32.025077	-108.73657
Lea	32.728441	-103.327764
Lincoln	33.618198	-105.540971
LosAlamos	35.871602	-106.280313
Luna	32.176393	-107.712209
McKinley	35.568054	-108.409236
Mora	35.986698	-104.919077
Otero	32.788676	-105.818104
Quay	35.111229	-103.624597
RioArriba	36.448433	-106.71823
Roosevelt	34.122576	-103.370714
Sandoval	35.549275	-106.82012
SanJuan	36.577598	-108.30406
SanMiguel	35.501494	-105.077987
SantaFe	35.588826	-106.007134
Sierra	33.095349	-107.291198
Socorro	34.174316	-107.015631
Taos	36.527237	-105.648564
Torrance	34.764079	-106.003634
Union	36.492607	-103.417893
Valencia	34.745326	-106.765563

图 5.27　地理坐标文件

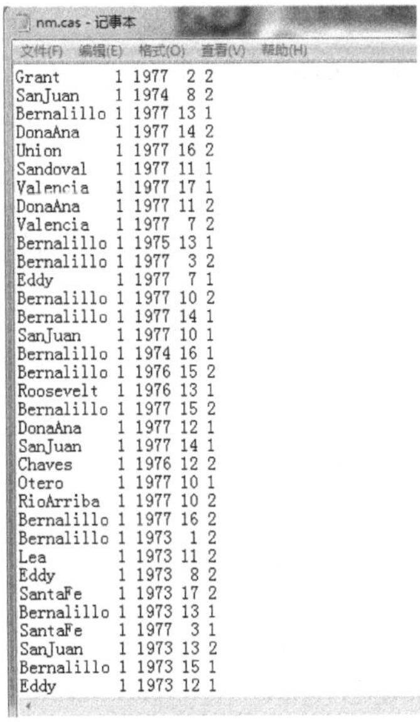

nm.pop - 记事本

文件(F) 编辑(E) 格式(O) 查看(V) 帮助(H)

```
Bernalillo 73 15537 1 1
Bernalillo 73 14931 1 2
Catron 73 99 1 1
Catron 73 99 1 2
Chaves 73 1888 1 1
Chaves 73 1867 1 2
Colfax 73 567 1 1
Colfax 73 526 1 2
Curry 73 2192 1 1
Curry 73 2130 1 2
DeBaca 73 70 1 1
DeBaca 73 73 1 2
DonaAna 73 3720 1 1
DonaAna 73 3638 1 2
Eddy 73 1723 1 1
Eddy 73 1620 1 2
Grant 73 1205 1 1
Grant 73 1135 1 2
Guadelupe 73 229 1 1
Guadelupe 73 199 1 2
Harding 73 36 1 1
Harding 73 32 1 2
Hidalgo 73 285 1 1
Hidalgo 73 285 1 2
Lea 73 2404 1 1
Lea 73 2322 1 2
Lincoln 73 333 1 1
Lincoln 73 304 1 2
LosAlamos 73 600 1 1
LosAlamos 73 545 1 2
Luna 73 608 1 1
Luna 73 611 1 2
McKinley 73 2929 1 1
McKinley 73 2914 1 2
```

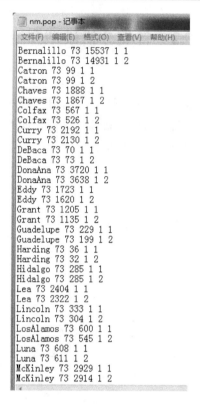

图 5.28　人口数据文件

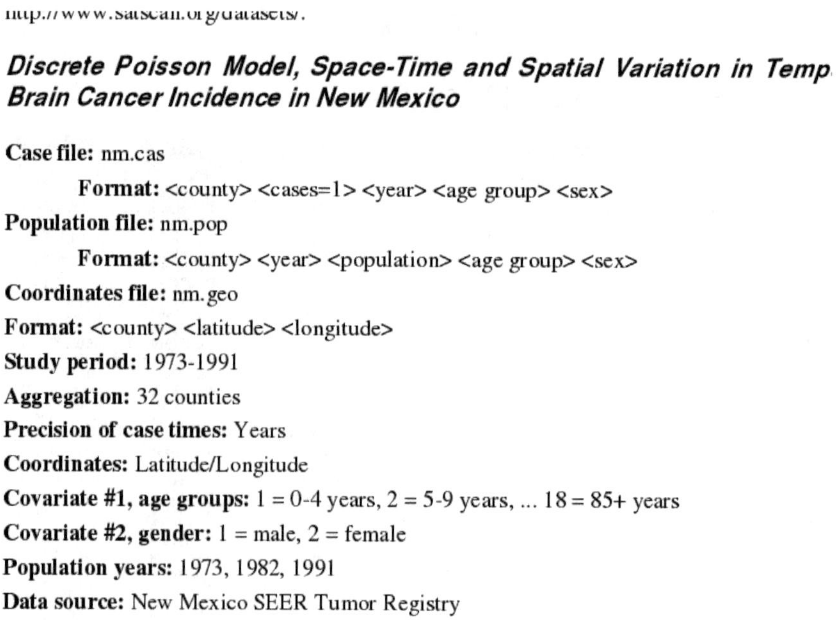

http://www.satscan.org/datasets/.

Discrete Poisson Model, Space-Time and Spatial Variation in Temp Brain Cancer Incidence in New Mexico

Case file: nm.cas

Format: <county> <cases=1> <year> <age group> <sex>

Population file: nm.pop

Format: <county> <year> <population> <age group> <sex>

Coordinates file: nm.geo

Format: <county> <latitude> <longitude>

Study period: 1973-1991

Aggregation: 32 counties

Precision of case times: Years

Coordinates: Latitude/Longitude

Covariate #1, age groups: 1 = 0-4 years, 2 = 5-9 years, ... 18 = 85+ years

Covariate #2, gender: 1 = male, 2 = female

Population years: 1973, 1982, 1991

Data source: New Mexico SEER Tumor Registry

图 5.29　应用案例中的元数据信息

2）分析窗口

在分析类型选项中选择"Space-Time"，在概率模型选项中选择"Poisson"，在区域扫描类型选项中选择"High Rates"，如图 5.30 所示。

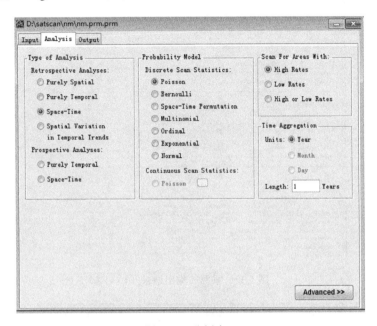

图 5.30　分析窗口

3）输出窗口

在输出选项卡中确定文本输出格式，如图 5.31 所示。

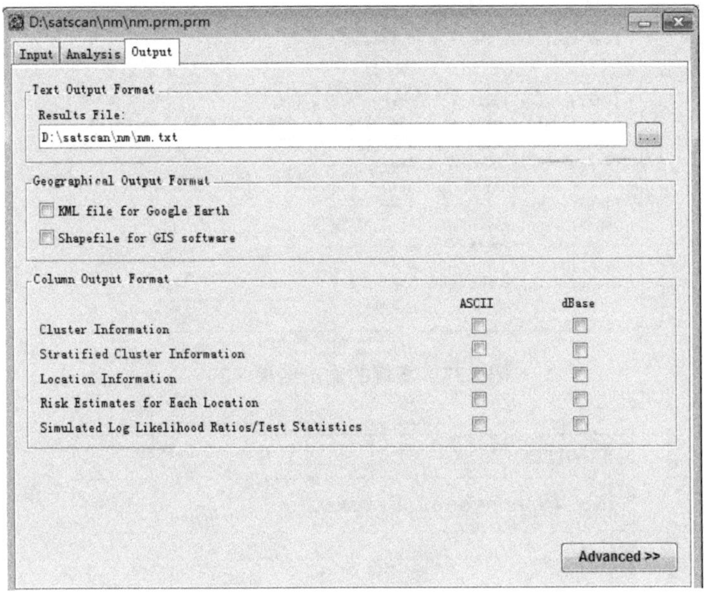

图 5.31　输出窗口

运行案例模型后的输出结果如图 5.32～图 5.34 所示。

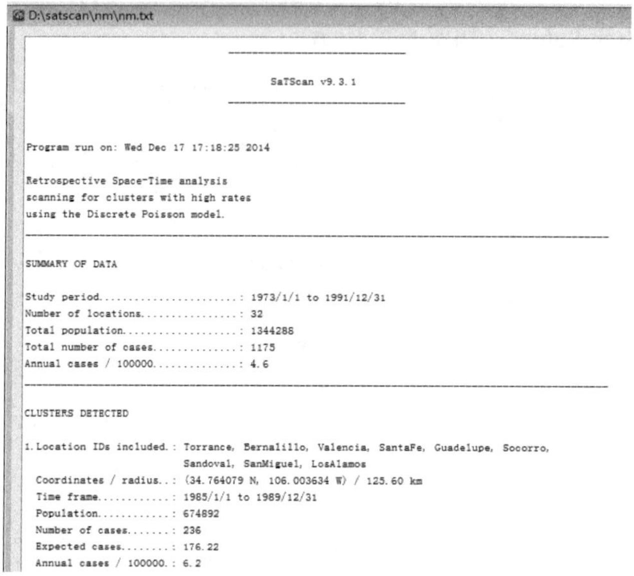

```
D:\satscan\nm\nm.txt

                    _____________________________
                          SaTScan v9.3.1
                    _____________________________

Program run on: Wed Dec 17 17:18:25 2014

Retrospective Space-Time analysis
scanning for clusters with high rates
using the Discrete Poisson model.
_______________________________________________________________

SUMMARY OF DATA

Study period.......................: 1973/1/1 to 1991/12/31
Number of locations................: 32
Total population...................: 1344288
Total number of cases..............: 1175
Annual cases / 100000..............: 4.6
_______________________________________________________________

CLUSTERS DETECTED

1.Location IDs included.: Torrance, Bernalillo, Valencia, SantaFe, Guadelupe, Socorro,
                          Sandoval, SanMiguel, LosAlamos
  Coordinates / radius..: (34.764079 N, 106.003634 W) / 125.60 km
  Time frame............: 1985/1/1 to 1989/12/31
  Population............: 674892
  Number of cases.......: 236
  Expected cases........: 176.22
  Annual cases / 100000.: 6.2
```

图 5.32　案例的输出结果（1）

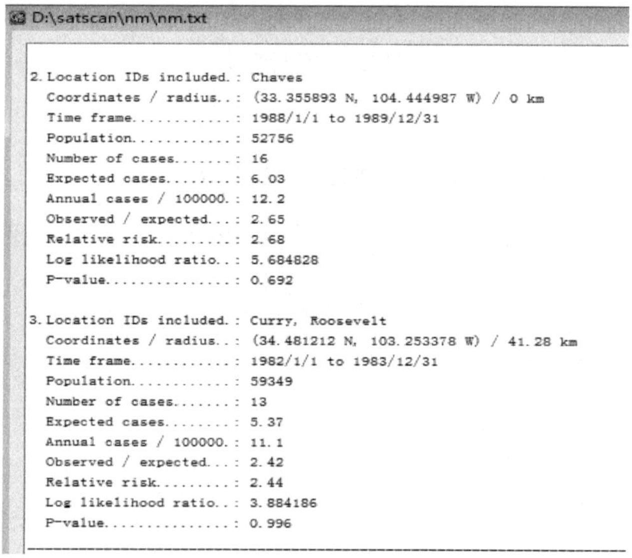

```
D:\satscan\nm\nm.txt

2.Location IDs included.: Chaves
  Coordinates / radius..: (33.355893 N, 104.444987 W) / 0 km
  Time frame............: 1988/1/1 to 1989/12/31
  Population............: 52756
  Number of cases.......: 16
  Expected cases........: 6.03
  Annual cases / 100000.: 12.2
  Observed / expected...: 2.65
  Relative risk.........: 2.68
  Log likelihood ratio..: 5.684828
  P-value...............: 0.692

3.Location IDs included.: Curry, Roosevelt
  Coordinates / radius..: (34.481212 N, 103.253378 W) / 41.28 km
  Time frame............: 1982/1/1 to 1983/12/31
  Population............: 59349
  Number of cases.......: 13
  Expected cases........: 5.37
  Annual cases / 100000.: 11.1
  Observed / expected...: 2.42
  Relative risk.........: 2.44
  Log likelihood ratio..: 3.884186
  P-value...............: 0.996
_______________________________________________________________
```

图 5.33　案例的输出结果（2）

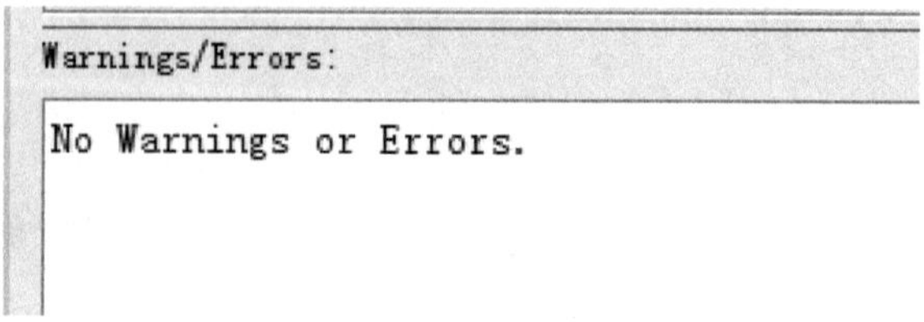

```
Warnings/Errors:

No Warnings or Errors.
```

图 5.34　案例的输出结果（3）

其中，在图 5.33 中涉及如下概念内容。

Log likelihood ratio：在参数估计中有一类方法称为"最大似然估计"，因为涉及的估计函数往往是指数型，取对数后不影响它的单调性，但会让计算过程变得简单，所以就采用了似然函数的对数，称为"对数似然函数"。根据涉及模型的不同，对数函数会不尽相同，但原理一样，都是因变量的密度函数，并涉及对随机干扰项分布的假设。

P-value：假设值，一般取 0.05，用于判断原始假设是否正确的重要证据。

图 5.35 为应用案例中的元数据信息。

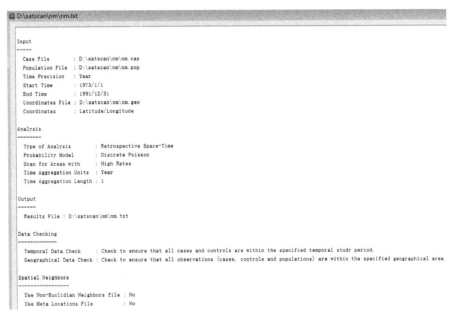

图 5.35　应用案例中的元数据信息

5.2.2　伯努利模型

1）基本内容

在伯努利模型（Bernoulli model）中，有无病例分别用变量 0、1 表示。这些变量代表人们有没有某种疾病，或者所患疾病的种类，如早期和晚期的乳腺癌。通过大量人群，这些变量可能反映病例的发生和控制情况，这些变量的总和将表示考察对象的整体。伯努利模型能够分析的是一些时态的、空间的，或者时空扫描的数据。

2）输入数据

伯努利模型需要的数据包括某种病例的位置信息和条件、在这个病例中能够使用的控制和协调文件。单独的地点可能因为每一个案件和条件而更加详细具体，或可能具体到国家、省、县、区、人口普查单位、邮政编码区、学校、家庭等，在每个数据的位置可能汇总多个案例和条件。做时间或时空分析时，必须有一个时间信息。

3）伯努利模型应用实例

伯努利模型选取的应用实例是亨伯赛德的儿童白血病和淋巴癌的发病率。

伯努利模型的应用案例，涉及如下选择内容。

　　Case File：案例文件，选择 Nhumberside.cas，这其中包括 191 个位置点和有无病例的情况。

　　Control File:控制文件，选择 Nhumberside.ctl ，这其中也包括 191 个位置点和对照组的病例情况。

　　Coordinate File：坐标文件，选择 Nhumberside.geo ，坐标文件也就是地理坐标文件，这里有 191 个位置点的位置信息，但是需要注意的是该实例用的是笛卡儿坐标，而不是一般的经纬度坐标。

　　Coordinates：坐标，根据所给的数据这里应该选择 Cartesian。如图 5.36 所示。

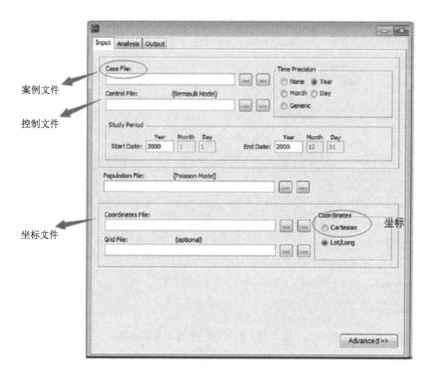

图 5.36　伯努利模型应用实例

4）分析模型

选择分析模型，涉及如下选择内容。

Type of Analysis：Purely Spatial，伯努利模型选择的数据是纯空间性的。

Probability Model：Bernoulli，因为是应用伯努利模型来做分析，自然应选择 Bernoulli。

Scan For Areas With：对于扫描区域的速率，选择 High Rates，以高速率来扫描数据区域。如图 5.37 所示。

5）输出格式

输出格式，涉及如下选择内容。

Text Output Format：文本输出格式，需要自己命名，后缀是 txt。

Geographical Output Format:地理文件输出格式，如 shp 这样的输出格式。

Column Output Format：列输出模式，有两种输出模式，一种是 ASCII 码，另一种是数据库格式，可以根据需要选择。如图 5.38 所示。

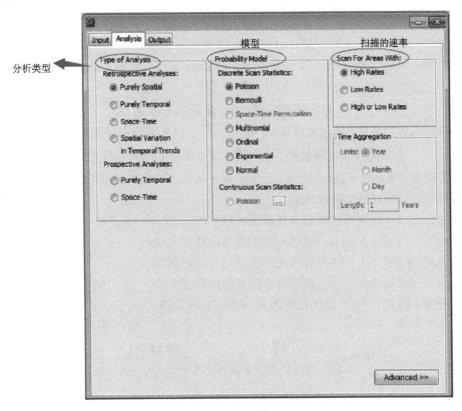

图 5.37　分析模型

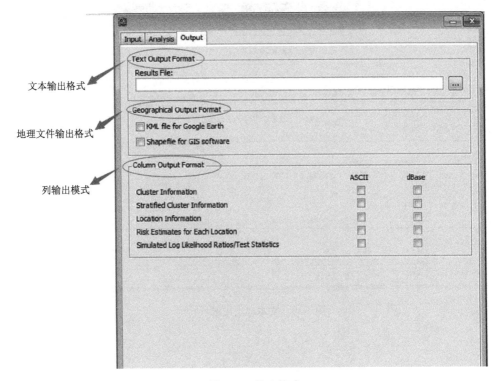

图 5.38　输出格式

6）文本输出结果

文本输出的结果如图 5.39～图 5.41 所示。主要信息说明如下。

病例总数：可以直接从 case 文件中获得，将 case 文件中患病的人数相加即可得到病例总数。

该区域患病率=病例总数/人口总数

考察区域对象的范围：确定该区域的中心点，以一定长度为半径画出的圆为考察的范围。

考察区预期出现的病例数=该区域患病率×该考察区的人数

相对危险度（Relative risk，Rr）：反映暴露于发病（死亡）关联强度的指标。这是集群内的估计风险除以集群外的估计风险。

Rr 为 0.9～1.1，说明死亡因素与疾病无关联；

Rr 为 0.7～0.8 或 1.2～1.4，说明死亡因素与疾病弱关联；

Rr 为 0.4～0.6 或 1.5～2.9，说明死亡因素与疾病中关联；

Rr 为 0.1～0.3 或 3.0～9.9，说明死亡因素与疾病强关联；

Rr 小于 0.1 或大于 9.9，说明死亡因素与疾病有强关联。

计算公式为

$$\text{Rr} = \frac{c/E[c]}{(C-c)/(E[C]-E[c])} = \frac{c/E[c]}{(C-c)/(C-E[c])} \tag{5.1}$$

其中，c 为该考察区全部的案例；$E[c]$ 为考察区预期的案例数；C 为该区域总共的案例数。

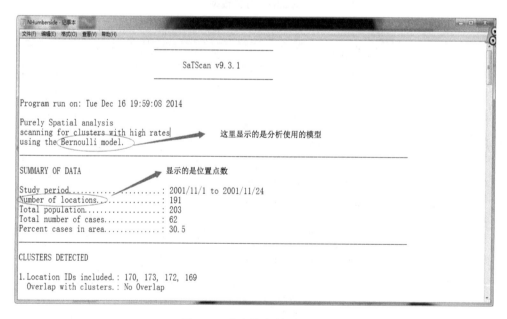

图 5.39　文本输出结果（1）

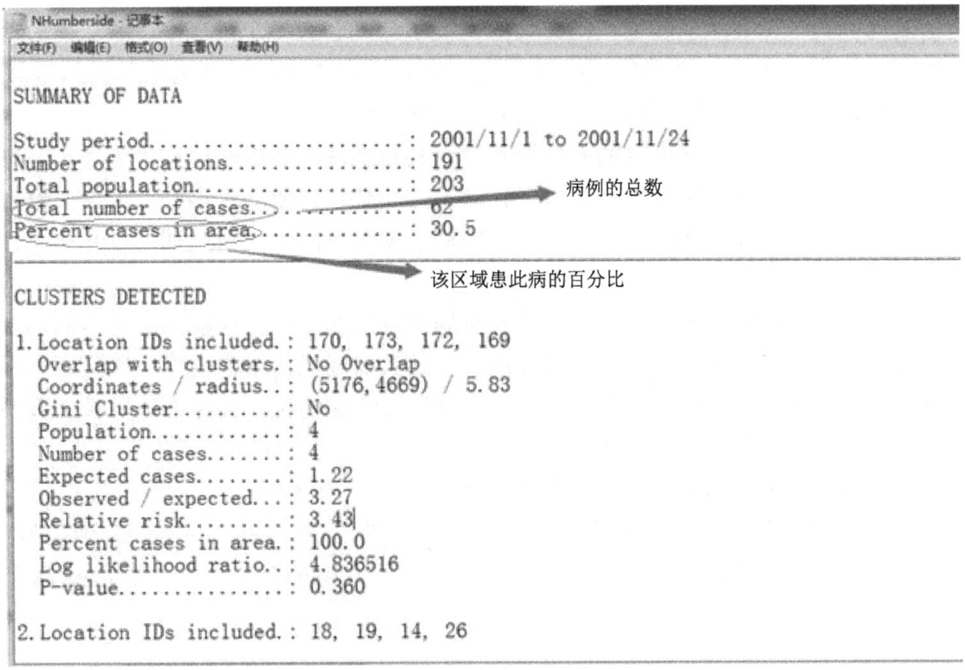

图 5.40　文本输出结果（2）

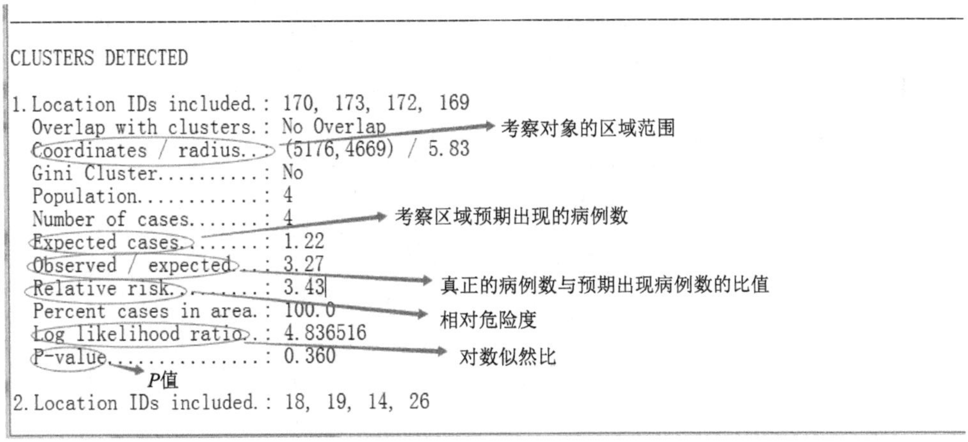

图 5.41　文本输出结果（3）

5.2.3　时空置换模型

1. 基本内容

时空置换模型（space-time permutation model）只需要案例的数据，而这些数据的信息包含每个案例的空间位置和时间，不需要控制文件或者处于危险病例的背景。聚类中观察案例的数量是可以和预期的案例数量相比的，如果所有案例在时间和空间上是相互独立的，就不会存在时空交互的情况。也就是说，在特定时间内，在一个地理区域就会有一个类。如果这个地理区域相比于其他地理区域在这段时间内有着更高的病例数（例如，在特定的一周，所有地理区域都有比正常情况多两倍的病例数），则这些地区构成一个类。在这一周一个地理区域有两倍的病例数，而其他地区是正常数量的情况下，则会有一个第一个区域类。时空置换模型自动调整为单纯的空间类和单纯的时间类，因此没有单纯的时间类或单纯的空间类。

重要的是要意识到，时空置换类可能是由于疾病的风险增加，或在不同的时间、不同的地理人口分布情况下，在一些地区的人口增长快于其他地区。如果研究期短于一年，则影响不大。但是，建议用户在使用这种方法时，在数据跨越数年处要非常小心。如果有背景人口增加或减少比其他更快的一些地区，人口转变的偏差就有风险。当研究期超过几年时，可能会产生偏差的 p 值。

例如，如果一个新的大型邻域发展，将会有病例增加的情况。仅仅因为人口的增加，和只使用案例数据，时空置换模型就不能区分由于当地人口增长而增加的疾病风险。与所有时空交互方法相比，时空置换模型主要关注研究期超过几年的情况。如果人口增长（或减少）在研究区域是相同的，不会导致偏差的结果。

2. Space-Time Permutation Model 应用实例

在图 5.42 中，该实例选用的是纽约医院急诊室招收的发烧病例情况。时间精确度为"Day"时就可以改变"Study Period"。输入发烧病例的文件为 NYCfever.cas，输入坐标文件为 NYCfever.geo。

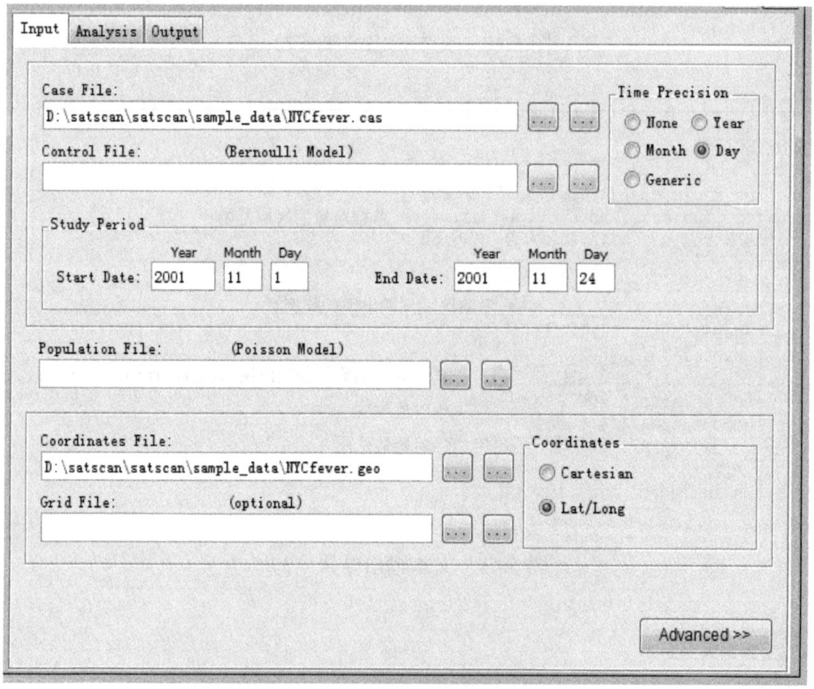

图 5.42　时空置换模型案例的输入

1）分析模型的选择

在图 5.43 中，时间聚合选择"Day"，与输入数据的时间精度相一致，如图 5.43 所示。

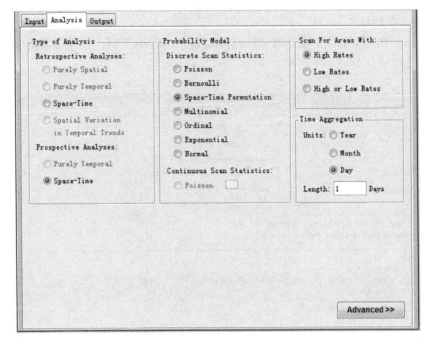

图 5.43　时空置换模型案例的分析

2）输出格式的选择

在图 5.44 中，输出的数据格式是 dbf，以便提供给其他软件使用。

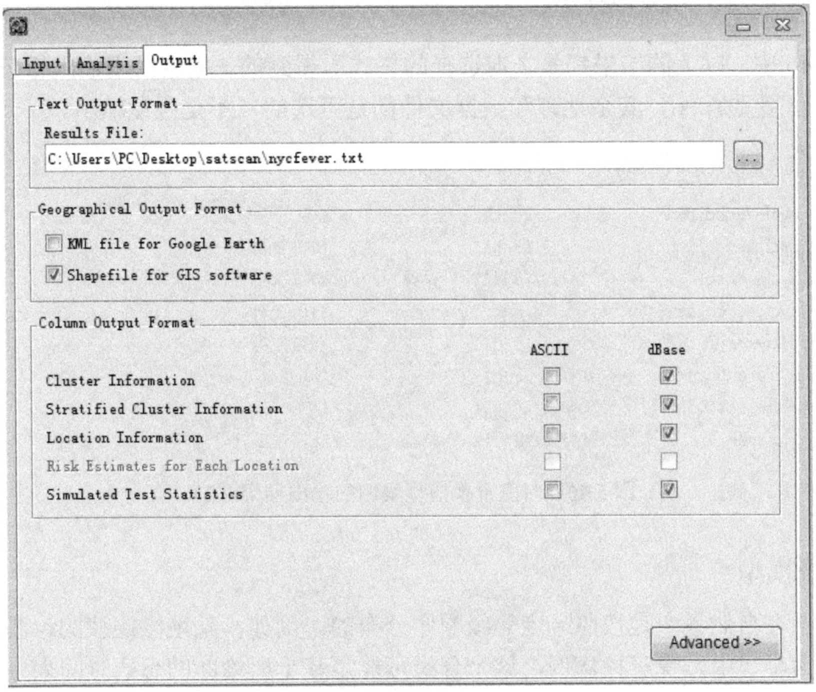

图 5.44　时空置换模型案例的输出

3）输出成功的标志

在 Warnings/Errors 选项卡中出现"No Warnings or Errors"时，才算是获得成功的输出结果（图 5.45）。

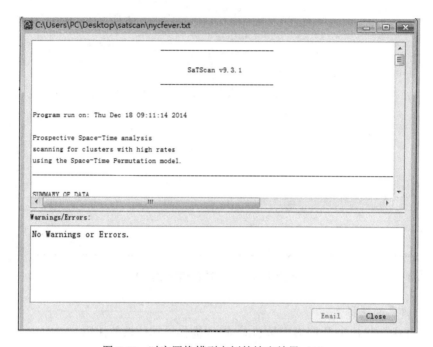

图 5.45　时空置换模型案例的输出结果（1）

在图 5.46 中，以上的结果都是之前选择的格式所得到的，根据需求输出相应文件，但是输出的格式必须要是 txt，其余地理和数据文件都是可选的，不是强制输出。

输出结果

nycfever.col.dbf	2014/12/18 9:11	DBF 文件	2 KB
nycfever.col.prj	2014/12/18 9:11	PRJ 文件	1 KB
nycfever.col	2014/12/18 9:11	SHP 文件	18 KB
nycfever.col.shx	2014/12/18 9:11	SHX 文件	1 KB
nycfever.gis.dbf	2014/12/18 9:11	DBF 文件	5 KB
nycfever.llr.dbf	2014/12/18 9:11	DBF 文件	3 KB
nycfever.sci.dbf	2014/12/18 9:11	DBF 文件	1 KB
nycfever	2014/12/18 9:11	文本文档	5 KB

图 5.46　时空置换模型案例的输出结果（2）

5.2.4　等级模型

一些数据在自然界中是按照一定等级顺序分布的。例如，某地区癌症的诊断情况，按照发病程度分为早、中、晚三种病例，这个分类可能是基于所诊断的患病时间来判断。等级模型（ordinal model）还需要每一个分类中的每一个案例的位置信息。位置信息有可能以国家、省、县、邮政编码区、社区、家庭等单位汇总。等级模型可以做空间分析、时间分析或时空分析，旨在检验各等级在分布上有何不同，寻找高水平、中等水平、低水平病例分布的聚集性，检验聚集性有无统计学意义。等级模型的无效假设具体为：各等级层次的病例在分布上无差异，呈完全随机分布。

该模型案例的输入情况如图 5.47 所示。

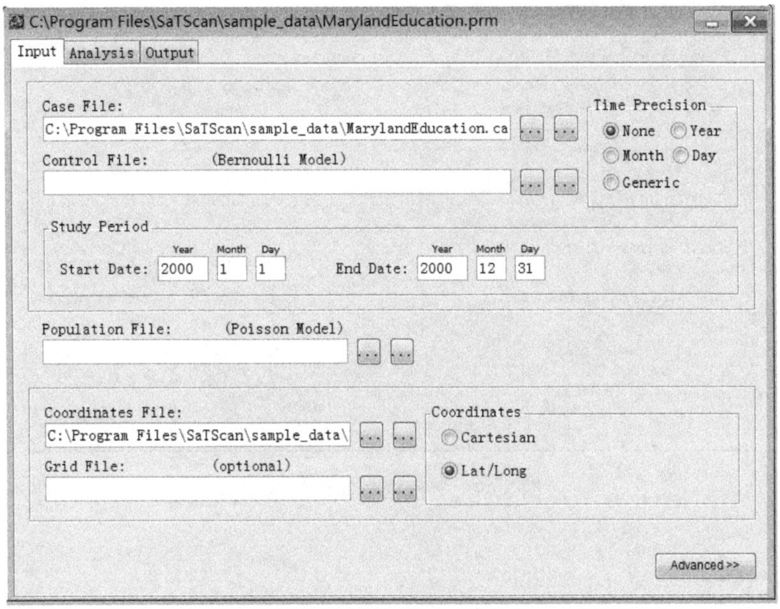

图 5.47 等级模型案例的输入

该模型案例的分析设置情况如图 5.48 所示。

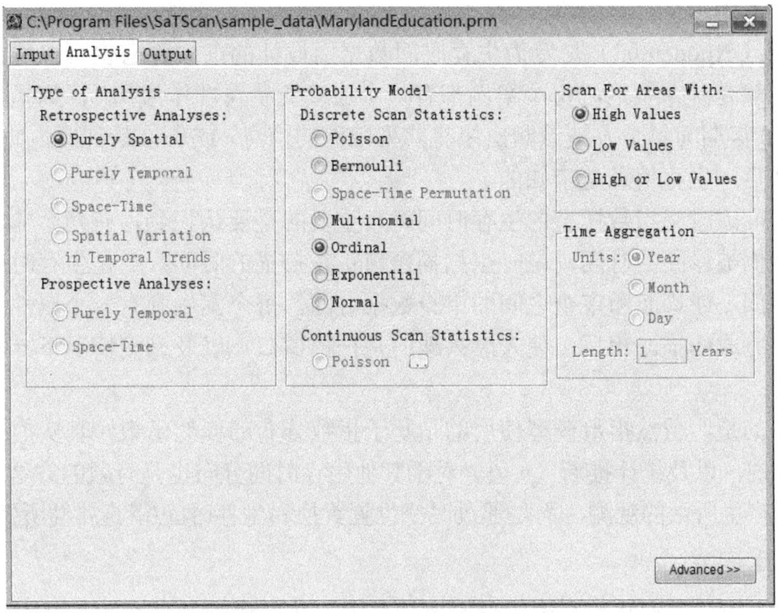

图 5.48 等级模型案例的分析

该模型案例的输出设置情况如图 5.49 所示。

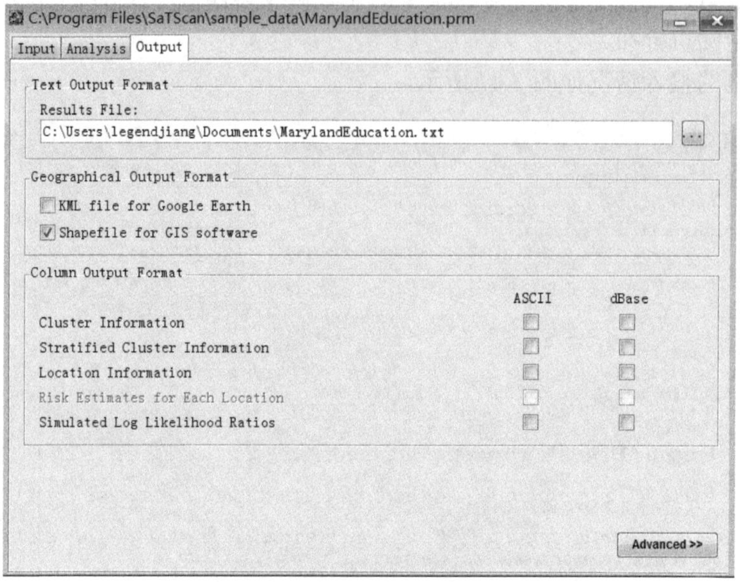

图 5.49　等级模型案例的输出

5.2.5　多分类模型

多分类模型（multinominal model），多用于无序多分类数据，如研究血型的分布，目的在于分析血型的空间、时间、时空分布有无聚集性，即查找各亚型的聚集性并检验有无统计学意义。该模型需要每个病例所属的类别及其空间位置。

5.2.6　指数模型

指数模型（exponential）是专为生存时间数据而设计的，尽管它也可以用于其他连续型数据。每个观察是一个案例，每个案例都有一个连续变量属性作为 0/1，如指数模型。数据可能包含在 10 年期间每个人被诊断出患有前列腺癌的信息，或从诊断到死亡的时间信息。从诊断到审查之后，生存信息是未知的。

当使用时间或时空指数模型的生存时间时，重要的是要认识到，有两个非常不同的时间变量。一是案例被诊断的时间，是时空扫描窗口正在扫描的时间；二是生存时间，即诊断和死亡之间的时间，或诊断和审查之间的审查数据时间。每个案例都有一个属性，在模型运行过程中，需要完成扫描。相反，使人感兴趣的是扫描窗口，以及许多情况下异常的大型或小型的属性值。

需要注意的是，虽然指数模型使用的是基于指数分布的似然函数，真实的生存时间分布不一定是指数的，以及统计推断（p 值）对于其他生存时间分布也是有效的。这是因为不是从指数分布随机产生所做的观测，而是通过时空位置置换和生存时间/审查属性所做的观察。

5.2.7　正态模型

正态（normal）模型和指数模型针对连续数据，正态模型用于呈正态分布的数据，如新生儿体重，指数模型用于生存时间数据。每个人或每个观察，称为案例，有一个单一的连续属性，可以是正的也可以是负的。该模型用作有序数据时，有许多类别。这使得在不同的情况下，其允许具有相同的属性值。例如，对于正态模型，在一个感兴趣区的低出生体重的聚类中，数据可能包括新生儿的出生体重及住址等普查信息。一个个体是一个案例。另外，数据可能包括在每个普查事件中的平均出生体重，而且重要的是使用加权正常模式。由于产生的不同数量，每个平均值会有不同的差异。

值得注意的是，虽然正态模型使用的是基于正态分布似然函数，真实连续属性的分布不一定是正态的。统计推断（p 值）对于任何连续分布是有效的。这是因为，随机数据不是从正态分布中模拟所产生的数据，相反，通过交换观察的时空位置和连续属性（如出生体重）还是有效的，其结果可以大大影响极端类，所以在做分析之前，截断观测可能是明智的。

在标准正态模型中，假定每个观察是相同的测量方差，但可能并非总是如此。例如，如果在一个地点是基于一个更大样本的观测，一个较小的样本在另一个地点，那么对于小的样本来说，方差的不确定性的估计将更大。如果可靠性估计不同，应使用加权正态的扫描统计，并考虑到这些不相同的差异。

如果所有的值乘以或添加同一常数，统计推断是不会改变的，即同一簇具有相同的可能性和 p 值，只有估计均值和方差将会不同。如果值对于所有的观测是相同的，那么加权正态扫描统计会产生相同的结果。如果所有的值乘以同一常数，结果不会改变。

因为 SaTScan 提供的案例有的坐标点不准确，不能够在 Google Earth 正确显示，所以利用其他案例（宁波市镇海区招宝山街道社区地图及 2005～2010 年结核病例分布）基于 SaTScan进行分析，最终地图软件的显示结果如图 5.50 所示。

图 5.50　正态模型的案例结果

5.2.8　连续泊松模型

前面所有的模型都是基于离散的数据观测点，并且认为这些点是非随机分布的，模型是基于规则的和不规则的网格点。也就是说，认为观测点的位置是固定的，并且在网格点的条件下评估观测点的空间随机性。

在连续扫描统计中，观测点可以分布在观测区的任何位置，如分布在一个方形或者是矩形的区域内。数据的随机性方面包括随机的空间位置，如果观测点是独立的并且是随机分布在研究区内的，通常习惯去检测是否有聚集类的产生。在无假设条件下，观测点服从均匀泊松分布过程，并且以恒定的密度分布在整个研究区域内，观测点不会落在研究区以外的地方。例如，现有一个数据，为一个方形（单位为平方千米）的森林区域，区域中包含一定数量的鸟巢。通常习惯会检测这些鸟巢在空间上是否是随机分布的，即这些鸟巢是否具有空间的聚集性，或者是判断这些鸟巢的分布是否独立。

在 SaTScan 软件中，研究的区域可以是任何的凸多边形的集合。三角形、正方形、菱形、五边形和六边形都是凸多边形。简单的研究区域可以是一个多边形，也可以是许多个多边形的集合。如果研究区域不是凸多边形的区域，则先要将区域分割成多个凸多边形的区域，同时定义好每个分割的多边形。研究区域并不一定是一个连续的区域，如一个包含岛屿的研究区域，它们并不是连续的。

分析的过程基于数据集中的所有的数据点，然而，扫描统计仅评估观测点的空间分布，并不是观测点的数量。

似然函数作为扫描统计量，它和离散扫描统计中的泊松模型是相同的，而事件发生的期望值和观测的观测值是相同的，有时是观测窗口与整个研究区域的比值。这是 Kulldorff 描述的动态变化窗口扫描统计的一个特殊的情况。

当扫描窗体扩展到整个研究区之外后，期望值仍然是基于整个扫描圆的区域，需忽略掉扫描圆内期望值为 0 的那些部分。这是为了避免研究区域边界的奇异非圆形的聚集区。因为分析过程是基于蒙特卡罗随机性的，所以 p 值自动调整边界产生的影响。另外，因为生成的期望数是基于整个扫描圆的，所以 Obs/Exp ratios 被视为真实值的下界，不管扫描圆是否延伸到研究区域的外面。

连续泊松模型仅仅能用于单纯空间数据，它使用一个扫描圆窗口，这个扫描圆半径会不断变化增大直至用户所定义的最大值。当坐标文件中定义了观测点时，扫描圆以其中的一个观测点为中心；在提供了可选择的网格文件时，扫描圆将以这个文件中的网格点为中心。连续泊松模型还没有实现以椭圆作为扫描窗口进行扫描。

5.3　SaTScan 软件应用案例

利用 2005 年纽约州出生缺陷数据进行空间聚类分析。

5.3.1　运行软件界面

在 JAVA 环境下打开 SaTScan 软件，创建新的会话窗口，如图 5.51 和图 5.52 所示。

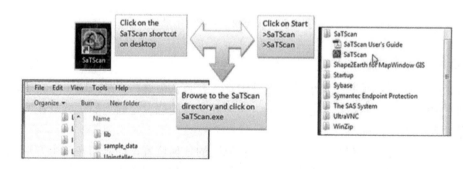

图 5.51　运行软件界面（1）

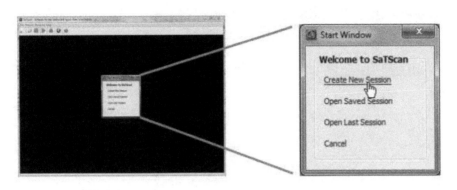

图 5.52　运行软件界面（2）

5.3.2　数据输入选项卡

需要三种格式的文件：案例文件（cas）、控制文件（ctl）、地理坐标文件（geo），如图 5.53 所示。

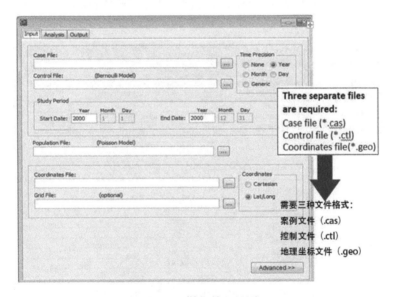

图 5.53　数据输入界面

选择案例文件，并确定文件类型，输入 Birth_defects.dbf 文件，如图 5.54 和图 5.55 所示。

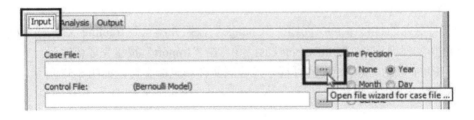

图 5.54　输入数据文件界面（1）

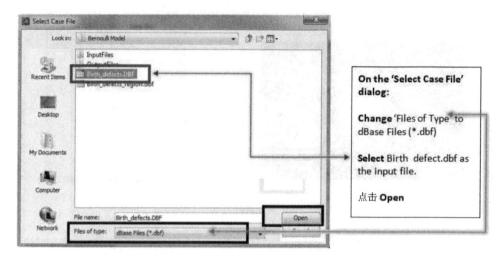

图 5.55　输入数据文件界面（2）

选择伯努利模型，设置可见的 SaTSan 变量，并为这些变量赋值，如图 5.56 所示。

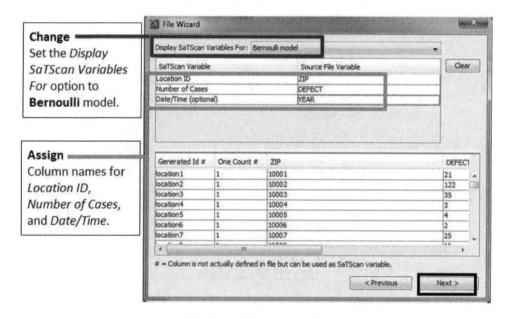

图 5.56　文件变量赋值（1）

案例文件导入的过程如下：①点击"Change"按钮并浏览到 training 文件夹的 Input files 目录；②追加文件名 NYS_BirthDefects.cas；③点击"Import"按钮完成该过程。

按照相同的步骤，重复相同的过程导入控制文件和坐标文件，如图 5.57 所示。

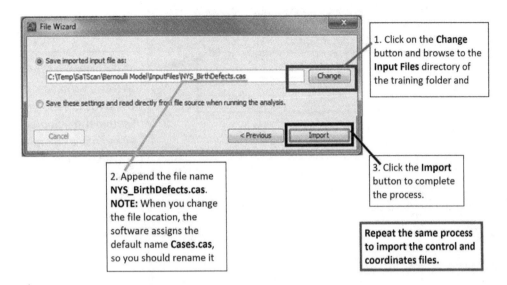

图 5.57　文件变量赋值（2）

对于 ctl 文件，为 SaTScan 变量 Location ID、Number of Cases 和 Date/Time（optional）分配列名并输入数值，如图 5.58 所示。

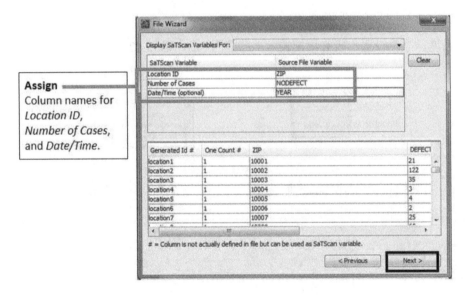

图 5.58　为 SaTScan 变量分配列名和赋值

对于 geo 文件，使用"Source File Variable"列下的下拉列表选择 SaTScan 变量，并为每个 SaTScan 变量做出选择，如图 5.59 所示。

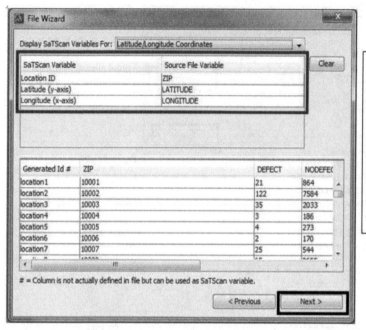

图 5.59　选择 SaTScan 变量

5.3.3　数据输入信息的设置

时间精度、坐标设置、研究周期输入界面如图 5.60～图 5.62 所示。

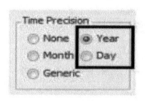

图 5.60　时间精度输入界面

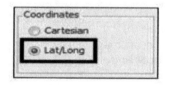

图 5.61　坐标设置输入界面

图 5.62　研究周期输入界面

5.3.4　分析功能参数的设置

可在 Analysis 选项卡对分析的类型、概率模型和研究区扫描速率进行设置，如图 5.63 所示。

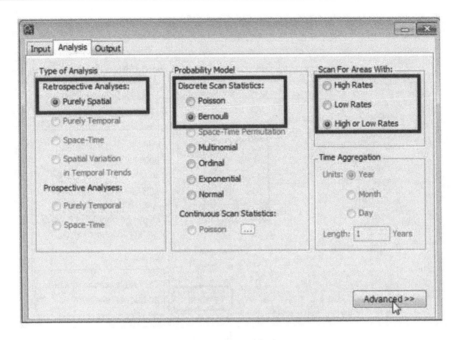

图 5.63　Analysis 参数设置界面

可进行高级分析特征的设置，如将最大空间簇大小更改为 25%，如图 5.64 所示。

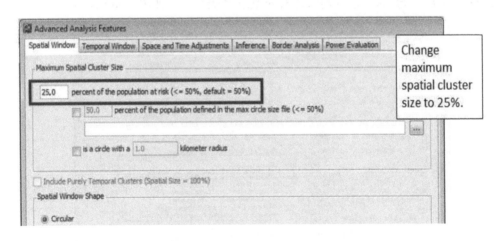

图 5.64　高级分析特征参数的设置

5.3.5　输出选项卡的设置

可以选择查看 Google Earth 中的输出文件（类），以便导入 GIS 中；选择以一种或多种格式分别保存增加的输出文件；ASCII 文件可以在 Excel 或其他电子表格软件中打开；点击"高级"可进行其他的选择设置。具体设置情况如图 5.65 所示。

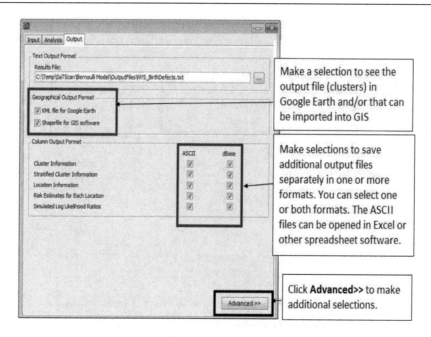

图 5.65　输出设置

如果计算机上安装了 Google Earth，请选择"自动启动 Google Earth"；对于二级聚类，选择最有可能类的分层报告，取消选择 Gini 优化的类集合，如图 5.66 所示。

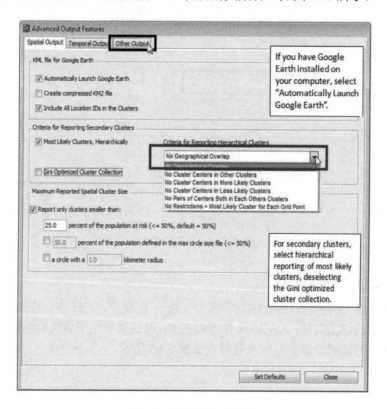

图 5.66　其他输出的设置

5.3.6　分析功能的运行

执行图 5.67 中的 Execute Session，得到如图 5.68 所示的输出文件。

图 5.67　分析运行界面

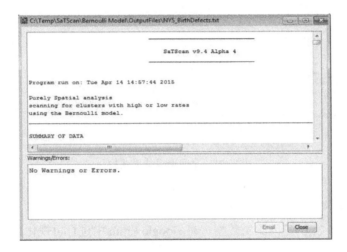

图 5.68　分析运行结果

5.3.7　空间聚类结果

在图 5.68 所示的输出文件中，包括如图 5.69～图 5.71 所示的空间聚类结果数据。

SUMMARY OF DATA
Study period........................: 2005/1/1 to 2005/12/31
Number of locations................: 1143
Total population....................: 1237189
Total number of cases..............: 24940
Percent cases in area..............: 2.0

图 5.69　空间聚类结果（1）

2. Location IDs included: GATid182, 14701, 14747, 14750
Coordinates / radius..: (42.150829 N, 79.194379 W) / 12.36 km
Population............: 3172
Number of cases.......: 141
Expected cases........: 63.94

Observed / expected...: 2.21
Relative risk.........: 2.21
Percent cases in area: 4.4
Log likelihood ratio..: 35.526304
P-value...............: 0.0000000000035

图 5.70　空间聚类结果（2）

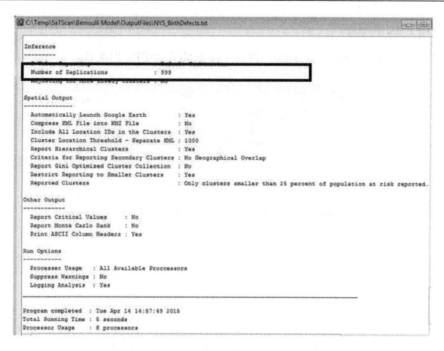

图 5.71　空间聚类结果（3）

5.3.8　可视化结果

对图 5.69～图 5.71 的空间聚类数据，在 Google Erath 中进行可视化，得到可视化结果。

主要参考文献

孟海英, 刘桂芬, 罗天娥. 2006. WinBUGS 软件应用. 中国卫生统计, 23(4): 375-377.

Cheng D, Branscum A J, Johnson W O. 2012. Sample size calculations for ROC studies: parametric robustness and Bayesian nonparametrics. Statistics in Medicine, 31(2): 131-142.

Cipoli D E, Martinez E Z, Castro M D, et al. 2012. Clinical judgment to estimate pretest probability in the diagnosis of Cushing's syndrome under a Bayesian perspective. Arquivos Brasileiros de Endocrinologia e Metabologia, 56(9): 633-637.

Cressie N A C. 1993. Statistics for Spatial Data. New York: John Wiley & Sons.

Leeflang M M. 2014. Systematic reviews and meta-analyses of diagnostic test accuracy. Clinical Microbiology and Infection, 20(2): 105-113.

Lim C, Wannapinij P, White L, et al. 2013. Using a web-based application to define the accuracy of diagnostic tests when the gold standard is imperfect. PLOS ONE, 8(11): 1.

Walusimbi S, Bwanga F, de Costa A, et al. 2013. Meta-analysis to compare the accuracy of GeneXpert, MODS and the WHO 2007 algorithm for diagnosis of smear-negative pulmonary tuberculosis. BMC Infections Diseases, 13: 507-520.